职场那些事儿·②

ZHI CHANG NA XIE SHI ER·②

杨斌◎著

企业管理出版社
ENTERPRISE MANAGEMENT PUBLISHING HOUSE

【序言】

用智慧行走职场

我们常听到职场人士发出这样的感慨：同在一个公司，同样的岗位，为什么有的人总是业绩更好、薪资更高，更能获得公司的信任？在回答这个问题之前，我们先看看下面这个案例。

“波，这次的业绩，你是不是又排在最后？”

“经理，情况是这样的，我以为只要向客户多介绍产品性能，他们就会购买。但是，卖同类产品的太多，很多客户都已买别家的了。”

“你尝试过多找一些方法去说服客户吗？”

“我当然努力了，可我运气太差，总是碰到这样的客户。所以，成交的很少，实在是没办法。”

没等经理再问，波又列举了自己是如何挤时间“做单”，甚至耽误了自己谈女朋友，等等。

…………

诸如上面“波”的现象在职场随处可见，他们有学历，很聪明，但业绩总是不尽人意，职业道路走得很坎坷。究其原因，就在于还没找到职场的制胜之道。

十多年前，我也同现在初入职场的大多数年轻人一样——毕业后“两手空空”走上工作岗位。我从基层岗位做起，历经秘书、助理、副总经理、总经理、副总裁、合伙人，走完了职业经理人要走的所有阶段，走到了职场生涯的顶端。看到了很多，感慨也不少。每当看到职场人士在迷茫中艰难跋涉、搞错方向、走了弯路时，看到企业管理者为管理企业和带好团队而头痛时，我强烈地意识到：现在的职场人士太需要接地气的实战引导了。正因如此，我撰写了这套以“职场智慧”为论述核心的系列书籍，希望能帮助更多的职场人士和管理者尽快地走出误区。

本书是我撰写的“职场那些事儿”系列图书的第二本，全书共分五部分，每部分有数篇文章，围绕着职位、爱好、薪资、态度、境界等方面展开论述。为了接地气，文章中的小故事都是选取职场原生态的身边事。通过对小故事的剖析与点评，具体地给出了解决类似问题的方式、方法。期待：无论是正准备步入职场的大学生，还是已经蹒跚在职场天地里的工薪族，或者是驰骋商界已有建树的“老兵”，都能够从小故事中找到启发，在点评中找到答案；也期待企业的各级管理者以此作为了解员工的窗口，找到领导导向和领导智慧。

职场需要智慧，带着智慧行走职场，让你不再迷茫和困惑！

2017年6月

目录

第二章
薪资、心事，爱恨交织

第三章
气质、幽默，都很重要

第四章
人再漂亮，活儿还得干

第五章

山脚、山顶，境界不同

第一章

绕过陷阱，收获馅饼

陷阱是人挖的，馅饼是诱人的。在寻找馅饼的路上，布满了无数的陷阱。而且，这些陷阱通常伪装成馅饼，智慧之人总能绕过陷阱，收获馅饼。

登山千条路，
近路，远路，
活路，死路，
也有不尽的套路。

预防“新员工病”

十

新表示新鲜、清新、新的开始，也意味着不成熟、不稳定。职场中的“新员工”也是如此，面对全新的工作环境，成也“新”，败也“新”！

W公司经过三轮面试后，录用了A、B、C三位新员工。他们三人上班第一周接受的是入职培训，公司特意安排了老员工S带着他们一起用中餐，同时熟悉下周边环境。但是，到了用餐时间，A、B、C三人撇开S自行去用餐了。接下来的几天，无论是吃饭还是闲聊，人们总看见三人在一起。

第二周，C因为表现不好要参加二次培训。但是，C心里不服气，总觉得培训老师偏心，处处数落老师的不是，进而将自己对公司的看法也同A和B进行了深度交流。A听得津津有味，偶尔也将自己的所见所闻与大家分享，比如某某说公司的福利不好，没餐补啦，某某说公司的整体效率不高啦，等等。B有些心不在焉，眼睛没离开过手机。

第三周的某天，A和C看到B去找S请教工作流程、方法等，A和C露出不屑的表情。后来A和C还看到B和一群老员工有说有笑地一起吃饭。自此之后，A和C如往常一般黏在一起，只是少了B的身影。

两个月的试用期结束了，C考评不合格，当天就办理了离职手续。B考评得了优秀的成绩，在新的部门干得有声有色，部门经理还准备让其共同参与新项目的讨论。A虽然也及格了，但显得心事重重，因为曾经和C说过要走一起走。为了兑现承诺，A第二天提出了离职申请，也走了。

上述案例中的A就犯了“新员工病”。所谓的新员工病就是:新员工喜欢和新员工黏在一起，一起吃饭一起玩，抱团求认同、刷存在感。在一起时，大家能聊的话题也离不开公司。然而，新员工对于公司的了解太少，听到一点负面信息就开始作片面的理解，这些片面的理解互相传播、发酵，互相影响。有人产生了离职的念头，于是，又把这个想法与大家商量，商量来商量去，然后，决定“走为上策”。最后，你走，我也走，继续奔波在求职面试的路上。像A这样的情况时有发生，原本可以安然无恙的，却因所谓的“承诺”、“义气”，白白耗费了两个月的时间。

案例中的B呢？或许是有高人指点，或许是其慧根深厚，悟出了别人没看明白的道理。B知道：公司安排S带他们去用餐的用意所在；和新人在一起对那些道听途说作再多的评价也不如自己去了解，只有同有资历的老员工多接触、多听、多看才能让自己做出正确的判断；只有做好工作、做出业绩才是职场安身立命之道。于是，短短两个月，B脱颖而出，甩了A和C好几条街。

新员工的水平参差不齐，有B这样的识时务者，也有C这样患“新员工病”的“病原体”。C就如败坏的“种子”，不止自己无法生根发芽，还会不自觉地影响旁边的植物。C不将心思花在如何适应环境、努力工作上，总是带着批判的眼神审视新环境中的一切，听到一点负面消息就肆意渲染。使得经常黏在一起的新员工们人心惶惶，不可终日。最后，来一个“集体大逃亡”。所以，我建议新员工不要抱团，要打开心扉，尽快融入公司，多接收正能量、远离负能量。放眼看看，公司内凡有能耐的老员工，之所以能在公司待这么久，要么技能过硬，要么贡献突出，好自有好的道理。多听多看哪些人是在传递正能量，他们恰恰是新员工应该多接触的人群，从他们身上去了解公司的情况，去融入这个大集体，生存之后才能发展，这是硬道理。

勿碰职场潜规则

十

天涯何处无芳草，何必要在身边找？
都说“兔子不吃窝边草”，兔子尚且懂得这条起码的生存法则，何况人乎？

S君结婚十年，已年届不惑，在某公司任副总经理，主抓公司营销业务。

因经常与客户谈生意，S君很多时候就带着本公司年轻漂亮的女同事M一同参加商务谈判或宴会。M小姐长得不错：苗条的身材，白皙的皮肤，大大的眼睛，说话爱笑，一笑还俩酒窝，酒窝里又藏着温柔。客户都很乐意M在场，只要她在，生意就格外好谈。

后来，随着公司业务扩大，S君要经常去外地开发市场或约谈客户，有时一出差就是好几天。工作之余，S君也会感觉有些孤单。这时，同去的M小姐就显得更亲近一些。尤其是夏天，出差一天跑得满身是汗，衣服都得换几身，应酬完客户，回来就想休息，哪还有精力再洗衣服？这时候，懂事的M小姐就帮S君洗了。还有两次，累得腰酸腿痛的S君瘫倒在沙发里，M小姐就过来，温柔地边陪他说话边给他捶背捏腿。已到中年的S君有此享受，精神焕发，忙起业务来更加顺心顺手。

有一次，业务已谈妥，还没签约就到饭点了。于是，大家先吃饭。在用餐过程中，对方客户有些调侃，要求M小姐也要陪喝两杯。结果，几杯酒下肚，M小姐就面若桃花了。

摇摇晃晃的M小姐回到住处时，就一下子瘫软在S君的怀里睡着了，还很香。略有醉意的S君看着M小姐的笑脸，闻着体香，一时不能自持。M小姐也借着酒意，半推半就，两人就滚在床单里。

…………

过后不久，按捺不住兴奋的M小姐把自己的甜蜜分享给好朋友——同公司的财务Z。Z因为前段时间找S君签报销单遭拒，心里正郁闷呢。听M小姐这么一说，回头就拿着单子送到S君面前，还有意无意地表明自己知晓他和M小姐的事。无奈，S君签了报销单。为此，S君痛苦了一段时间。

又有一次，M小姐看中一款名牌包，就拿应酬需要的借口提出要买。无奈之下，S君花了一个月的工资“买单”了。这样的情况来来回回出现好多次，S君有些厌烦，但也找不出妥善的解决办法，而且，M小姐有时还真能帮他做点事，S君也就忍气吞声了。

几个月后，公司行政经理提出离职，M小姐知道后，以两人关系为条件要挟，让S君帮她坐上这个位置。否则，M小姐公开他们两人的一切私情。这么大的事，S君做不了主，上报总裁，总裁最终没有答应。

最后，该公司上下都知道了S君和M小姐的事，闹得满城风雨。纠缠不休的M小姐，后来不堪舆论压力离开了这座熟悉的城市。总裁一怒之下，解聘了S君。结果，S君回到家里又面临着一场离婚风波。

职场女性，特别是有一定姿色的职场女性，在这个看脸的时代，确实是个优势。将自己打扮得漂漂亮亮的，出门自信满满，别人看了赏心悦目，同事相处融洽和谐，与客户沟通谈判成功的机会也更大些，因姿色争取到了更多的出镜机会也无可厚非。但是，千万不能越过职场红线，进行权、色交易，一越雷池，必毁前程。

有些女性在异性领导手下做事，希望得到领导赏识，然而，职场竞争如此激烈，如何才能脱颖而出呢？思来想去，自己有着年轻的身体、不俗的美貌，这些优势应当发挥得淋漓尽致啊。于是，找准机会，就抱着异性领导的大腿往上爬了，甚至天真地以为跟上司有了不正当关系后就可以升格为领导太太了。殊不知，你付出了一切，人家只是逢场作戏罢了。因为大多数领导心里都明白，玩玩可以，认真免谈。你和他家里的糟糠之妻相比，虽然年轻、漂亮，可家里的那位比你靠谱、安全。男人最终还是需要一个安全的港湾。而你，到最后只能落得个人财两空，名誉扫地，何苦呢？

作为领导，有权有才华，受人尊敬、爱戴，本是值得称赞的。很多时候，即使你不招蜂引蝶，也有人送上门来，这个时候就要看你的抗诱惑能力了。别以为便宜不占白不占。要知道:碰了这个职场潜规则，是会带来一系列的麻烦的。一旦有人发现，就会被人要挟，逼着要这要那，甚至是一些超出个人能力范围的事情。而到了东窗事发的那一天，随之也就身败名裂，甚至家破人亡。

在上文的案例中，S君和M小姐的故事虽然可笑，但却耐人寻味，它也启示我们：职场上的美女、才子们，不要以为玩玩潜规则无碍，等到大祸临头，必将后悔晚矣。洁身自好，职场路才能走得更远！

职场圈子需要迭代

十

生物学中有“新陈代谢”之说，互联网讲究“迭代”思维，职场中的你我，同样需要让自己的人际圈子“迭代”发展。

肖扬在大学浑浑沌沌地过了三年，大四上学期大家都开始找实习单位了，处于这批就业大军中的肖扬也想觅得一席之地。然而，事与愿违，他接连被三家企业拒绝。肖扬有些懊恼自己虚度的这三年，为了合群，为了交朋友，为了不孤单，蹉跎了太多岁月。

终于，在投递了二十多份简历后，肖扬收到了一家文化公司的录取通知。他知道，这是一个难得的机会，他很珍惜，也想洗心革面从头开始。同肖扬一起进公司的有八个实习生，同龄人之间有太多共同的话题，每每下班后，大家都想着一起吃饭一起玩，虽然有时囊中羞涩，可穷人也可以穷开心。但是，肖扬却不一样了，上班时总能看到他穿梭在走廊里的身影，下班后总能看到他从公司图书室借一堆的书回家。有次，他去向部门经理请教，说他进入了一个读书群，群友不多，但大家都能相互督进。这个周末，“群主”想组织一次线下见面会，每个人要交两百元，他觉得挺有压力的。部门经理看了下群聊的内容和推荐的书籍，鼓励他大胆参加。这是一个各行各业、年龄层次各不相同的群，大家只是因为爱读书走到了一起，不聊废话，只谈读书心得和如何学以致用。好几次肖扬在工作上碰到问题都是请教群里的前辈，并得到了很好的指导。聚会回来后，肖扬眉飞色舞，说认识了好几个“大佬”，听到了很多前所未闻的事情，他要记录下来，作为以后的写作素材。后来，肖扬和部门经理说，在咨询他之前，和其他一起实习的小伙伴商量过该不该去。有人说，去这样的聚会多没劲，一群人文绉绉的；有人说，会不会是“群主”骗人的啊，要那么多钱，还不如拿出来我们一起吃一顿；有人说，只是线上有过交流，就这么聚在一起多尴尬……几乎没有人支持他，但他总觉得哪里不对劲，不该错过这样的机会。

从那次聚会后，肖扬似乎又变了一个人，总是衣着光鲜、精神抖擞地出现在公司里，工作起来更有劲头，工作质量也很高。慢慢地，肖扬与其他的实习生拉开了距离，离毕业还有三个月时，公司就提前与他签了合同。

有人说：“寝室是堕落的温床；合群是淘汰的开始。”从肖扬的情况来看，确实是这样的。人都是害怕寂寞的，于是有人不断地建立圈子，同一层面的人往往就能进入同一个圈子。因为有相似的背景、学历和看法，在这样的圈子里更容易找到认同点，更有存在感。然而，这样的圈子潜在的问题也是明显的。既是同类人，看待问题的视角肯定是有限的。就如上文案例中的几位实习生给肖扬的建议一样，不参加这样的聚会理由有一万个，也似乎很有理，因为在他们看来就是这样的。这不能怪他们，要怪只能怪阅历太浅，视角有限。这些孩子的圈子还算简单，职场的圈子则更复杂些，当你提出一些寻求进步的想法时，会有一部分人不自觉地想尽办法拖着你，让你不要脱离现有的圈子，这样圈子就是稳定的，大家都安安稳稳地过着不温不火的日子。一旦你进步了，和其他人就有了差距，这个差距的产生将直接影响着原有圈子的稳定性。对于要求进步的职场人士来说，恰恰应该想尽办法使得自己的人际圈子“迭代”发展。

人们常说：“庸工信庸工，成功信成功。”就是说，那些干简单活儿的人，他们之间的交流是来源于他们生活和工作的经验，而其他领域的事情，他们则未必能懂得。如果去向他们咨询，说不定会被误导，造成错误的结果。当然，成功的人就不一样了，他们的经验可以复制。如果运用在其他地方，成功的概率也会大得多。如果你是“庸工”，则要想尽办法走进“成功”的圈子，这样离成功也就不远了。虽说“结识新朋友，不忘老朋友”，可老朋友已经在拖你的后腿了，你还能继续将青春交付给对方吗？现实生活中，朋友也是需要“新陈代谢”的。当然，要想进入“成功”的圈子，你首先要有脱离“庸工”圈子的能力，要有进入“成功”圈子的基石。就如人造地球卫星的飞行器要摆脱地球强大的引力一样，运载飞行器的火箭要加速度，这个速度要达到宇宙速度，才能冲向太空。否则，空有脱离的心，却无脱离的力，最终还会堕落在“庸工”的圈子里。

跳出你自以为稳定的那个圈子，从混沌中挣扎出来，发出你该有的光芒和声音，那么，你离成功又近了一步。虽然，过程很难、很痛苦，可哪个成功人士不是从蜕变中成长起来的？加油吧，青年！

职场派系斗争苦了谁

电影《笑傲江湖》中有一句经典台词："有人的地方就有江湖"。职场亦是如此，"窝里斗"横行，处处都算计。然而，到最后个个都是"机关算尽太聪明，反误了卿卿性命"。

A公司业绩蒸蒸日上，员工近五百人，年营业额近十亿元。公司的总经理和业务经理都是该公司的创业元老，成了公司的顶梁柱，他们两位年龄也相仿，意气相投，创业时工作默契，干得热火朝天。后来，两人对市场、业务及产品经常会有不同看法，偶尔还争吵起来。

年轻的B入职A公司已近一年，负责销售与推广工作。

在一次公司高层会议上，总经理与业务经理因业务运作与福利待遇两件事情意见不合，先是争执，最后吵起来，一时没有结果，只能休会。会后，不少员工在背后添油加醋，推波助澜。搞得总经理和业务经理相互僵持，互不让步。业务经理私底下还拉帮结派，承诺支持他的人会有什么好处。因为牵扯利益关系，公司从中层管理者到普通员工一下子分成两派。一时间，公司的工作气氛很是紧张。甚至有的人的业务都受到影响，处于半停滞状态。

B的工作与两位上司都有关系，并且归业务经理直管，时不时业务经理也暗示他要站在自己这边。然而，B并没有像其他员工那样跟风站队，他选择了独立、不掺和。平时还是那样认认真真地工作，干好自己分内的业务。这段时间，B的业绩没降反而上升了。

后来，通过董事长的劝解调停，业务经理被外调到集团其他事业部任业务经理。总经理立即明里暗里地对全公司不支持他的人进行清算，很多人因此受牵连。当恢复常态后，董事长找到B，问："你当时怎么没赞成或反对其中任何一方？"

B答："我是来工作的。之前，公司的一些事情确实影响业务的正常开展，但我全力克服、排除干扰，努力让自己的业绩稳中有升。"董事长大为赏识，遂把B安排在那个空缺的业务经理位置上。

在上述案例中，A公司内讧，很多人卷进漩涡中。有的人是为了利益，有的人是因为关系。但无论哪种原因，都是非此即彼地选择了一方站队。结果，耗费了精力，影响了业绩。从这点讲，职场派系斗争首先苦了公司。

经过调停说和，业务经理外调到其他陌生的业务板块，明里是平调，实则是从零开始。总经理“秋后算账”，原来站在业务经理那边的无一幸免：或降职，或清退，或罚款。可见，这次的派系斗争也苦了业务经理及拥护他的这帮人。

派系斗争虽然结束了，表面上总经理胜出，实质上也伤了元气，公司失去了一起创业的得力干将，董事长和员工内心深处对这件事多少还是有想法的，也就是说，总经理也是胜中有败。

综上所述，一旦职场出现派系斗争，任何一方都是输方，没有真正意义上的赢家。但上面故事中戏剧性的一幕是：有那么一个人在斗争事件中异军突起，成了意外的赢家。这个人就是 B。

在各方争斗时，B 并非不知道业务经理是攸关自己切身利益之人，但他并没有去掺和，而是把精力放在业务上。当部门同事以为跟着自己的领导将来能捞好处时，精力全投入到派系斗争的胜负上，业务领域几近空白。恰恰没参与争斗的 B 置之事外，全身心投入工作中，这个时候业务竞争更少，业绩更容易突破。风波之后，业绩说了算，B 自然受到董事长的眷顾，晋升为业务经理。

人在职场，应该做到：思想上没派系概念，行动上不跟风站队。不要为了一时利益投机，寻求保护伞，这个伞保护不了你。即使保护了一时，也保护不了你一路，在狂风暴雨面前，撑伞的人自己都顾不了，哪有时间和精力来保护你？甚至极有可能为减轻负担，丢卒保帅，把你推入大雨之中，保护伞最后成了你的催命伞。

立足自己的工作，立足自己的岗位职责，不盲目跟从，不随波逐流，把自己分内的事情处理好，用业绩说话。与其花大量的时间去梳理这些复杂的职场关系，人情打点，照顾谁的感受，不如集中精力钻研事情，把事情做好，做到极致。事情是定的，人是变的，伺候事情比伺候人容易得多。

真正的职场高手，不是谁的人，不是哪一派的人，自己就代表自己，无派，中立，这样在现实的职场中，腾挪的空间更大，回旋的余地更多。只要你工作至上，把事情干好了，不管哪个团队都会欢迎你，都会接受你，因为他们都需要实力的支持。

副业就是负业

很多人做副业是为了赚更多的钱，使自己过得更富有、更富裕，但“副”不会变成财富的“富”，却极有可能变成负数的“负”。

A从事网站编辑工作，平时需要花大量时间泡在网上，实质上稿件量并不大，所以工作还算清闲。

半年前，A被网站上一则广告所吸引：零元投资，轻松上网做兼职，月入过万元。A花了三天时间研究，在向淘宝网站交纳了一千元店铺保证金之后，又花了半个月时间开始网店装修、服装陈列等一系列工作，她的副业——服装网店正式开业了。然而，网店的生意和她想象的有很大差距，一个月过去了，仅仅卖出几件衣服，还都是价格比较便宜的款式，一个月下来才赚了几十元。这和A自己搭进去的时间和精力完全不成比例，但不论多少，终究是赚了。所以，A也没有对广告语的“月入过万元”这句话较真。就这样，A的网店一直“惨淡”地经营着，虽说生意略有好转，但问题却不断出现了。

一次，一位买家买了四件衣服，这让A着实高兴了一阵子。但是，兴奋劲儿还没过去，买家投诉的信息来了。原来，买家收到衣服后洗了一次发现四件衣服全部严重掉色，要求退货退款。为了尽快帮买家解决问题，A在上班时间就开始给厂家打电话，然后又跟买家沟通，又是打电话又是发信息，十来个回合下来还是没能解决问题。厂家坚持是买家洗涤不当造成的后果，不能退货；而买家投诉到淘宝客服，淘宝客服强制性地将买四件衣服的费用（两百多元）退回给了买家，这两百多元最后只能由A自己赔付。这还不算什么，那天因为忙着网店的事情，结果A把当天要推送的新闻稿件的照片弄错了，关键弄错的还是企业总经理的重要图片。领导发现后很生气，警告A：“上班三心二意，怎么放心把事情交给你？”之后，A又有几次利用上班间隙处理网店的事情，导致工作出现失误，以致年终评选优秀员工时无缘入围，因此损失了七天带薪国际旅游和三千元奖金。

面对这样的情况，A极度烦恼，把网店关掉吧，毕竟自己耗费了大量时间和精力，还没拿到回报，心有不甘；不关掉吧，不但有可能赔钱，还有可能丢了现在这份好工作……

副业一词最早起源于农业，指农民除种地之外，还顺带搞点其他生产以补足家用，如种点树、养点鸡鸭鱼等。这种顺带的工作称为副业。在互联网全面发展的今天，信息发达，交通便利，法定工作时间逐步缩短，业余时间逐步变长，副业也被引用到城市里，即除本职工作之外，职场人士利用业余时间干点其他工作，俗称“兼职”。如全民炒股一样，副业已非个别现象，人群正在日益壮大，岗位也各式各样，有网商、微商、滴滴司机等。

每一位职场人士或许都曾有过像A这样的想法：工作也不忙，不如顺带做一份副业，赚双份的钱。况且，利用上班间隙或下班后闲余时间经营副业,对本职工作不会有什么影响的。其实，从案例中A的情况可以看出，即使她只是想利用下班后的闲余时间经营网店，可很多时候也会身不由己。在上班时的8个小时内，网店遇到棘手事情要解决，A只能挪用上班时间解决网店问题，日常工作自然受影响。结果，A在工作上出现差错，领导追究责任，A失去了“优秀员工”的称号，进而失去晋升的机会。即使上班时是全身心投入的，下班后搞搞副业，第二天肯定是一脸倦容，工作质量大打折扣。看似正业、副业可以划分得很清楚，实质上却环环相扣，你不是超人，想达到“主副兼顾”的状态是不可能的。

试想一下，你有十分精力，七分为正业，三分为副业，结果正业没做好，副业也不咋样。如果将十分精力用在正业上，每天上班都精神抖擞，交给你的工作不但能完成，而且做到极致，领导看在眼里、喜在心头，有了加薪机会，有了晋升机会，不给你还给谁呢？回报不是比副业更丰厚吗？

副业，看似丰满，实则骨感。纵观周边，有几个人是因副业而发财致富的？应该没有吧。即使有，那也已经把副业变成正业了。有些人觉得副业的收入更可观，因而对本职工作的责任心下降，甚至辞职做副业，结果得不偿失。例如，滴滴最火的时候，司机月入过万元，甚至高达三五万元，而一般人平时工资也就五六千元。有些人尝到了干副业的甜头，干脆炒领导“鱿鱼”，全职做专车司机了。然而，好景不长，就一两个月，最多也就半年，收入回归正常，每个月收入六七千元，而付出的精力是平常工作的两倍甚至更多,更别谈社会保险等福利了。所以，很多人辞掉正业后都后悔不已：正业没有了，身体也搞垮了，得不偿失。

处于事业上升期的职场人士们，千万不要天真地以为自己有三头六臂，要权衡做副业的利弊。你原本有加薪、晋升的机会，可能就因为你做了副业，丧失了这些机会。最后，正业没做好，副业成“负业”。与其有这样的精力，不如全部放到正业上，正业做好了，你想要的回报自然会通过正业这个渠道得以实现的。

办公室恋情

十

电影《杜拉拉升职记》中就有这么一个情景：杜拉拉刚上班不久，就被秘书海伦告诫：“公司有两样东西不能动，一是公司的钱，二是公司的人。如果发生办公室恋情，两个人就必须离开一个。”

A在某公司工作五年，由于在工作上兢兢业业，平时话也不多，深得企业负责人信任，企业负责人把最重要的薪资核算工作交给她。她也很认真，几乎没出过差错，最关键的是她一直守口如瓶。

后来，B入职了，负责公司的网络安全管理。B和A因为工作上接触比较频繁，很快就擦出了火花，两人爱得热火朝天。三个月后，两人就住在一起了。

刚开始，A和B在一起天南地北什么都聊，但很少谈工作。即使谈到工作，也仅限于部门今天有什么趣事，大家笑笑也就过了。两人在一起时间越久，相互之间就越信任，可聊的话题也更广了，从人生趣事到职场方向，最后开始谈薪资、谈秘密。

有一天，两人聊得很开心时，B说公司内部有很多小秘密的，他们通过腾讯后台能看到很多有意思的内容，比如某某某在追求某某某，但被拒绝得一脸尴尬，某某某在背后尽说领导坏话，某某某白天不干活，尽找人聊天，晚上又装作认真加班的样子。A听得一愣一愣的，然后也脱口而出：那不干活的某某的工资拿得比干活的谁都高啊，每个月还能拿到五千多元呢。两人又针对薪资问题展开讨论。末了，A觉得自己似乎说多了，然后补充了一句，千万不能说出去啊。

一次，B约了公司几个好哥们喝酒，喝到兴致高处，大家就开始吹了，什么男欢女爱，什么八卦奇闻，最后就聊到了结婚买房。B说这年头能买得起房子的也就公司的谁谁谁了，因为他们的月收入能到上万元，其他人问你怎么知道。B说，我女朋友就是给他们算工资的，难道还有错吗？大家愕然。没过几天，关于薪资泄漏的问题传遍了公司，人力资源经理顺藤摸瓜，查到是B传出来的。最后，发现了B和A就是男女朋友关系。A拿着辞退函离开了公司，B也引咎辞职。两人从此劳燕分飞。

办公室恋情早已不是一个新话题，在日益繁忙的现代社会中，很多人根本没有时间和机会去结识工作之外的异性朋友，而办公室的同事天天在一起，彼此熟悉、日久生情，于是，办公室恋情开始滋生。对待员工的办公室恋情，有些公司禁止，有些公司提倡。

在生产型企业，经常能看到技术工和操作工成一对儿的，公司不反对，甚至还提倡。男大当婚、女大当嫁，如果到了一定年龄了还是单身的话，家里自然催得急，员工自己也无法安心工作。如果可以就近解决，内部消化，也算“肥水不流外人田”嘛！对企业来说，夫妻档搭配，工作上相互之间有所了解，能更好地交流，共同进步，关键是这样的员工稳定，何乐而不为呢？然而，就办公室而言，却截然不同。电影《杜拉拉升职记》中就有这么一个情景：杜拉拉刚上班不久，就被秘书海伦告诫：“公司有两样东西不能动，一是公司的钱，二是公司的人。如果发生办公室恋情，两个人就必须离开一个。”其实，这其中的道理不难理解。生活和工作是两个不同的领域，爱情、婚姻是属于生活领域，讲究的是感情第一位；而职场是工作领域，是以结果为导向，讲的是效率。这两个内容属于不同属性，在同一场所不可能两全其美，既得到爱情，又得到发展，有的甚至鸡飞蛋打，什么都没有，两手空空。案例中的 A 和 B 不就是如此吗？

如果办公室恋情顺风顺水，最后结婚成家了，那还好，至少收获了一头，但职业发展肯定要打折。因为办公室恋情总有被人知晓的一天，领导知道后，就会把你排除在核心层之外。

领导会将你排除在核心层之外的原因是你不是一个人，你的身边还有另外一个人。领导对你有十足的信任，你身边的人却没法保证。大家都说，领导不是最亲的，老公老婆才是自己人。万一谈了不成呢？那就埋着一颗随时会引爆的地雷。对方好说话，和平分手也就算了，顶多尴尬而已。如果对方不懂道理，觉得你在公司有前途，要挟你，那真如鲠在喉，拔也拔不掉。因为恋人间彼此对对方的隐私太了解，一旦将你的隐私公布于众，你以后如何在公司树立威信？对方甚至还会说你不是以结婚为目的，你是耍流氓，是连哄带骗的，之后又把她（他）甩了，如果是这样，你晋升还有望吗，领导还会重用你吗？即使领导相信你，可个人感情问题都处理不好，说明能力有问题，那还能处理其他的事情吗？

职场上的有为青年们，办公室恋情还是不碰为妙。天涯何处无芳草，何必单恋“窝边草”呢？

比较

十

中国人喜欢攀比，“比、死”为“毙”，比不好就会走上绝路。怕毙，就不比了吗？不是的，要比，要全面地、系统地、心态平和地比。

故事一：老王辛苦了一年，年终奖拿了一万元，左右一打听，办公室其他人年终奖却只有一千元。老王按捺不住心中狂喜，偷偷用手机打电话给老婆：“亲爱的，晚上别做饭了，年终奖发下来了，晚上咱们去你一直惦记着的那家西餐厅，好好庆祝一下！”

故事二：老王辛苦了一年，年终奖拿了一万元，左右一打听，办公室其他人年终奖也是一万元，心头不免掠过一丝失望。快下班的时候，老王给老婆发了条短信：“晚上别做饭了，年终奖发下来了，晚上咱们去家门口的那家川菜馆吃吧。”

故事三：老王辛苦了一年，年终奖拿了一万元，左右一打听，办公室其他人年终奖都拿了一万两千元。老王心中郁闷，一整天都感觉像压着一块石头，闷闷不乐的。下班到家，见老婆正在做饭，嘟嘟囔囔地发了一通牢骚，老婆好说歹说劝了半天，老王才想开了些：哎，聊胜于无吧。把正在玩电脑的儿子叫过来，摸给他一百元："去，到门口川菜馆买两个菜回来，晚饭咱们加两个菜。"

故事四：老王辛苦了一年，年终奖拿了一万元，左右一打听，办公室其他人年终奖都拿了五万元。老王一听，肺都要气炸了，立马冲到经理办公室，与经理理论了半天，无果。老王强忍着怒气，在办公室憋了一整天。回到家，一声不吭地生闷气，瞥见儿子在玩电脑，大发雷霆："你个没出息的东西，马上要考试了，还不赶紧去看书，再让我看到你玩电脑，老子打烂你的屁股！"

在上文案例中，老王对待相同金额的年终奖，态度为何如此截然不同？其中最为关键的外因是"比较"，没有比较就没有伤害啊！或许你看完之后觉得好笑，可也不得不承认，有些人就喜欢与别人比较。古有"既生瑜何生亮"的感叹，现代的一句"羡慕、嫉妒、恨"不经意间成为流行语，暴露了人们的爱比较心理。生活中，大家喜欢与身边的同事比，与朋友圈内的人比，大到比家人、孩子，小到比用什么手机、穿什么品牌的衣服、背什么包……职场上，人们也喜欢比，比工资多少、职务高低、工作的轻松度、是否得到领导重用……

爱比较，可以理解，也必须要比。因为只有比了，才能见高下嘛。没有比，就没有高矮胖瘦之分；没有比，就没有孰高孰低、孰优孰劣之别。但是，关键要全面地比，系统地比，心态平和地比。认清自己的优缺点，看清对方的优缺点。否则，盲目地攀比，只会害了自己！

早些年，有人在网上晒了张“工资条”，自此之后，一发不可收拾，很多人都开始晒工资、晒福利……随着“晒”的盛行，职场刮起了一股比较风，他们往往把同事当成自己的比较对象，还总喜欢拿自己的长处与别人的短处比。例如，两个业务员 A 和 B，A 平时业绩都只有几十万元，这个月突然上了一百万元；而 B 一直都有一百万元，就这个月只有六十万元。这时，A 会拿这个月的业绩说事。也就是放大自己的优点，忽略自己的短板，觉得自己比对方能干，凭什么对方的岗位、薪资都比自己高？然后，就会觉得公司对自己不公平，越比心情越糟，越比心情越坏，提出加薪，加薪不成就离职。这种人属于典型的不能正确认识自己，没有自知之明。追求高职、高薪是人之常情，但也要根据自己的实际能力，掂量自己是否匹配这个岗位、这份薪水。还有些人不仅喜欢同事间相互比较，还喜欢对外比，与别家公司比收入、比福利、比工作环境等。有人就喜欢拿自己公司与别家公司比节日福利：自己公司春节给一千元福利，中秋给一百元；而有的公司春节给五百元，中秋给三百元。然而，他看不到春节的一千元，专拿中秋说事，说公司如此小气，中秋节就发一百元，不如人家公司大方，他们都发三百元等，夸大其词地传播负面的东西。其实，他自己也明白，自己公司的春节福利以及全年福利总和还是很好的，不过就是想通过这样的方式获得更多的利益。事实是，在可操作范围内，领导会争取更多福利，大家开心，做事齐心协力，何乐而不为呢？但你满腹牢骚、抱怨不休，传递的都是负能量，给公司带来的损失何止两百元钱可以计算的，你为一己之利损害公司的利益，你说公司会重用你吗？这种人注定难有大的发展。

凡事讲究度，比较也一样。过分比较，会使人际关系紧张。比如，如果长期比不过别人，会失去内心的平静。时间长了，导致心理失衡，影响身心健康。比，要跟自己比。只要自己比昨天有成长、有进步，才不会白比，才会“皆”大欢喜。

职场人士需要有竞争意识，可以与同事比，与其他公司比，但要把握好尺度，不要因为比较失去内心的平静，影响身心健康。能看到别人的优点是一份睿智，看到自己的缺点同样也是一份睿智。我们要系统、全面、客观地进行比较，在比较中得到进步，得到成长。

职场回扣

十

职场回扣，表面上看是客户给当事人的一种辛苦费，实质上是客户为了迅速成交，以及成交之后产品出现问题时为其“擦屁股”的好处费。

A在法庭被告席上，双手嵌入发丝，泪水在眼里打转，嘴里忏悔：“当时我经不住诱惑，就向货运公司经理提供了自己的银行账户。不久后，我的银行卡里就收到他们打过来的好处费了。”经不住金钱的诱惑，这使A最终走上犯罪的道路。

A在一家服装公司的外贸出口部担任经理，全面负责公司出口业务中与物流、货运方面的协调和联系工作。一年前，她要甄选合适的货运公司运输货物，开始和多家货运代理公司频繁接触。其中一家代理公司与她来往密切，对方的业务员一再暗示，他们公司有一个“退佣政策”，可以根据业务量给相关负责人“好处费”，希望A多照顾他们生意。经不住再三的诱惑，A向该公司提供了自己的银行账户，一年多来，她以每箱二十元的退佣提成多次收受“好处费”。然而，纸终归包不住火，不久，这家货运代理公司因行贿被公安机关查处，因此也牵扯出收“好处费”的关系户A。经公安机关电话通知，A到公安机关投案自首，如实交代了自己的犯罪事实，并退缴全部赃款。经检察机关审查认定，A利用自己在公司的职务便利，违反国家规定收受回扣款共计人民币两万元。最终，A因非国家工作人员受贿罪被法院判处拘役六个月，缓刑六个月。

职场回扣，表面上看是客户给当事人的一种辛苦费，实质上是客户为了迅速成交，以及成交之后产品出现问题时为其“擦屁股”的好处费。有些人觉得付出劳动得到一点辛苦费，这很正常，不拿白不拿，却不曾想对于自己工作上的辛劳，公司已经给了薪酬。没权力，谁会白白送你回扣？这明明就是“权力寻租”！客户给出的回扣，“羊毛出在羊身上”，实质上是公司付的，只是打了个来“回”。

回扣并非好东西，刚开始接触觉得很好玩，然而，这东西一旦沾上了，就像吸鸦片，戒都戒不掉，洗都洗不白，后悔晚矣！试想一下：如果有一天，你尝到了回扣的甜头，拿的好处费抵得上一个月的生活费了，于是，你就开始把精力放在拿回扣上——如何找项目拿回扣？如何向客户表达你想拿回扣的心意？如何多拿回扣？如何拿了回扣，神不知、鬼不觉？当你天天为这些事情殚精竭虑时，哪有心思放在正常工作上，怎么可能做好本职工作？

如果有一天，你的同事掌握了你拿回扣的事实，你的把柄就在人家手中，你只能唯唯诺诺讨好他们。生怕一个不小心，他们就检举、揭发你，让你丢了这份有利可图的工作。于是，你整天如鲠在喉，不敢得罪任何人，做起事来束手束脚，自然是不可能有所作为了。

如果有一天，上司突然找你谈话，他的一个眼神、一个案例，你都可能会误以为被发现了，吓得屁滚尿流。因为你拿了回扣就等于做了亏心事。

与其这么提心吊胆，还不如不拿回扣，安安心心地把事情做好，通过自己的努力达到晋升、加薪，这样的钱拿得光明正大，岂不更好？

如果有一天，产品质量出现问题，你拿人钱财，就要替人消灾。若是小问题，你得小心翼翼地帮客户“擦屁股”；若是大问题，那就惨了，你们是一根绳上的蚂蚱，谁也逃不了干系。

轻则把吃进去的吐出来，灰溜溜地走人；重则公司杀鸡儆猴，送你进监狱的事也时有发生。即使公司好心放过你，可也有东窗事发的一天，就如上文案例中A的情况一样，牢狱之灾也在所难免！事实上，要走回扣渠道的产品多少是有些问题的，真正好的产品是不需要通过给回扣来达到交易的。

奉劝有职业抱负的职场人士们，不要把精力用错地方。不然，后悔晚矣。要知道，出来混，迟早要还的！千万不要让自己因为拿了那么一点小钱，背上精神枷锁。总有一天，那些因为蝇头小利获得的东西，会给你带来不必要的原本不该发生的麻烦。当然，有时候，职场回扣也是一个不得不面对的问题，如果你觉得难以拒绝，当一切谈妥之后，可以让对方将回扣金额直接在货款中扣除。这样一来，你处理后续的事情，既没有心理负担，也为公司争取到了最大利益，如此公正，你离升职、加薪也将不远矣！

“老员工病”不是病，犯起来却要人命

十

老员工，功劳当然有，但时过境迁，功劳只代表过去，不等于今天，更不表示未来。若是没把握好自己的定位，将“刷完”你在公司多年的奋斗感情和奋斗业绩，最后只能倒逼“恩主”割袍断义，挥泪斩马谡。

十五年前，某公司总裁带着同乡小李背井离乡去深圳创业。经过多年打拼，他们把企业做得风生水起，而当年的小李也年届不惑，成了如今的老李。

总裁很感激老李，在企业初创时期，条件艰苦，他不辞辛劳，紧跟着自己，没有半点怨言，心心相系，公司才会有今天的发展。公司内部所有员工都知道，总裁基于对老李的信任和感念，把他安排在公司最重要的岗位——销售总监的位置上。他们两人的佳话在公司尽人皆知，员工们也都对老李这位“老前辈”尊重有加。

后来，总裁发现老李有些不对劲：上下班不准时，业务上的事情有些也是拖到最后没办法了才草草解决，

关键是老李的业绩也明显下滑。而最让总裁头痛的是，公司的另一位总监反映：老李经常喝酒误事，这两天有几单业务也跑掉了。过几天，负责行政的副总经理也来汇报说：在与老李沟通时，他总是流露出自己功高傲慢和无所谓的态度，时不时还阴阳怪气地说一句：我来公司的时候，你还在上高中呢。没有我的努力和付出，公司不可能有今天，少给我为点鸡毛蒜皮的事情叽叽歪歪！别说你，就是总裁也得给我面子。

无奈之下，总裁找到老李，打算好好谈谈。可坐下来没有聊多久，老李却认为总裁是要让他难堪，现在自己老了，公司要卸磨杀驴，有话直说好了，不要拐弯抹角。两人不欢而散。

总裁心想：算了，养着他好了，毕竟还是有功之人。给老李职位，具体的事情交给他下面的人来干。可是，老李觉得不爽，时常拿下属出气。因为老李的言行大大影响了公司员工的积极性，有的员工甚至因此递上了辞职信。老李还不时地在员工和客户面前抱怨说：公司不近人情，过河拆桥……说到伤心之处，还一把鼻涕一把泪，搞得员工和客户不知如何是好。最后，总裁实在没办法，只能忍痛割爱，辞退了老李。

在上文案例中，老李跟着总裁一起打江山，是总裁创业时期打拼过来的功臣，在企业发展道路上做出不可磨灭的贡献。

因此，总裁内心很是感激，在公司里给他安排最重要的岗位和最好的待遇。那份情感沉淀在两人的生命当中，他们的故事也让公司员工羡慕不已。

随着公司规模的不断扩大，公司由原来粗放式的野蛮生长模式逐步向规范式发展迈进，引进了大量的管理人才，可老李自恃功高，我行我素。这个时候，公司“求发展”的现实使命远远高于任何个人感情。所以，老李不得不出局。其实，老李的出局是因为犯了一种自己都没有感觉的病——“老员工病”。

许多企业里都有和案例中老李一样的人，他们都会不自觉地犯上这种老员工病。“老员工病”是职场顽疾，它的表现是：①夸大功劳，认为领导当初没有他，成不了事；②到处对外宣扬自己了不起，处处要公司搞特殊对待，倚老卖老；③自恃有功，恃物傲慢，目空一切，根本不把其他员工放在眼里，甚至有时候还跟领导叫板。

老员工，功劳当然有，但时过境迁，功劳只代表过去，不等于今天，更不代表未来。

对公司来说，老员工表现得好，是公司的一笔优质财富，是公司的样板和中流砥柱，公司也把他们当宝；表现不好，处处自负，时时特殊，就会是一种负能量，一种病，并且会迅速传染、扩散，形成一个阶层，这个阶层会严重阻碍公司进一步发展，最终成为公司的包袱。很多公司实在忍无可忍，为了前程，会把有这种“病”的老员工一个个辞掉。不理解的人会说公司无情，实际上是迫不得已。正因为那些老员工没把握好自己的定位，倒逼“恩主”割袍断义，挥泪斩马谡。

熟悉中国历史的人都知道,历朝历代开国功臣大部分被杀，而少数活下来的都是聪明人。其实，从另一个角度推测，皇帝未必恶毒，皇帝也未必糊涂，而可能是这些开国功臣大都居功自傲，以至“尾大不掉”。设身处地来说，如果他们做得好，也不至于命都不保。做事观念是可以有争议的，但绝对不能忘乎所以，最终招来杀身之祸。可惜可叹！

作为老员工，要把握分寸，老而不恃，久而不“病”，历久弥新，时刻保持清晰的头脑。地球少了谁都会转，公司做到今天，不是几个人的功劳，少你一个不少，多你一个不多，要清明适度，不要把自己看得太重，估值过高。否则，大祸临头。

很多老员工，头脑发热，心想在这里可以成事，到其他地方也能成事。此处不留爷，自有留爷处，就不信地球容不下自己。于是乎，挥挥衣袖，到其他地方去验证自己的想法。不幸的是，这些患“老员工病”的人离开原“东家”后的结局大多不理想。从离开“老东家”到再适应“新东家”，这个过程很难，据调查，这种适应度的成功率很低。一般而言，十个人里面最多有两个人能成功适应新环境。要知道：当年能成为功臣，是因为当年的形势、环境，甚至某件事情做得好。不是因为你的能力，而是因为你选择对了一个平台。

在职场中驰骋的“老将们”，千万不要患上“老员工病”。

重要的事情说三遍：谨防“老员工病”，拒绝“老员工病”，远离“老员工病”。否则，“老员工病”犯起来就要人命！紧跟公司步伐，紧随公司发展，把握好度，充分挖掘自己是老员工的资源，只有不忘初心，方能善始善终。

慎对橄榄枝

十

职场人士，谁都向往高职位、高收入，都希望一跳跳出个“好收成”。然而，“跳槽有风险，选择需谨慎”。跳槽之前，有些事情一定要“三思”而后行。

S公司经营IT业务十余年，A是S公司的业务经理，挑大梁的。

S公司起家时，A就在公司了。A当时是做业务员，对产品和市场是下过苦功夫的。所以，在这方面，A可谓了然于胸。后来，随着市场越做越大，产品也越来越丰富，公司效益也越来越好，A的职位也从一般的业务员升到业务经理。

近几年，S公司业务量翻了好几番，A的专业知识也在市场、产品方面发挥得如鱼得水，业内甚至传出：S公司是靠A独打天下的。

R公司是一家新的IT公司，与S公司的业务相近，因为进入该市场才几年，R 公司人才紧缺，特别是高端人才更是奇缺。另外，因对手 S 公司的产品、市场和核心研发一直处于本行业前列，R 公司决定：从战略考虑，不惜重金，不计手段，要把对手的“主干力量”A 挖过来。于是，R 公司通过精心策划后付诸实施。托熟人找到 A，许诺重金、股份以及“副总经理”等优厚条件，向 S 公司的业务经理 A 伸出“橄榄枝”。

经过思想斗争后，A 决定去和董事长谈谈。当 A 把离职的想法说出时，董事长问他是什么原因，A 没讲真实内情。反复几次，当看到 A 去意已定时，董事长只能叹息放人。

办理完离职手续后，A 就到 R 公司上任了。但是，A 很快发现，所谓的“副总经理”职位其实是个虚设，业务方面仍由原来的经理负责。半年后，A 发现这不利于自己的才能发挥，辞职了。这期间，A 打听到原公司的业务因他出走有所下滑，但新的业务经理上任不到半年，业务不但有所回升，还有了新的突破。

后来，经过多方了解，A 终于发现：R 公司的真正目的是花个试用期工资弄走他这个核心人才，以此对 S 公司造成重大打击。表面上，R 公司是按约定签了合同，可实质上都是骗局，钱可以给，但重要的事情还是由自己人在领头做。没有重要位置，看 A 能待多久，如果嫌弃大可走人。可 A 不是那种“吃白饭、遭白眼”的人啊，这不正中 R 公司下怀嘛！

职场人士，谁都向往高职位、高收入，都希望一跳跳出个“好收成”。这样的愿望可以理解，但现实很残酷，且不论“跳槽穷半年，改行穷三年”的说法是否正确，跳槽之前，有些事情一定要“三思”而后行。

一思：抛橄榄枝的人是真心，还是另有目的。如案例中的A就是躺着中了枪，惨遭来自原公司竞争对手R公司的“人才伏击战”。R公司精心设局，抛出重磅诱饵，引诱A上当。很多公司在某些特殊阶段都会考虑战术性用人，用完之后就会根据情况酌情处理了。所以，了解清楚对方的真实目的至关重要，尤其是同行业或有竞争关系的公司。

二思：自己能否接得住抛来的橄榄枝，并使其开花结果。所谓“橄榄枝”，就是高职位、高收入。然而，与这些对等的就是高要求、高责任、高压力。高职位意味着所看到的人和事将会越来越烦琐，所思考的东西将会越来越深奥，所承担的职责将会越来越重，你是否承担得起这些？再说，即使你具备这样的能耐，还面临着适应环境的问题。任何企业的文化都有不一样的土壤，新的企业文化、新的人际关系都会占用你很多精力。最终，你很有可能因为不适应而面临被淘汰的风险。

三思：跳槽的成本并非是眼睛能看到的这些东西，还有很大一部分隐形的职场资产需要关注。比如信任基础，在原单位长期积累的信任关系，到了新单位必须从头开始一点一滴去重建；比如沉淀，虽说个人自身的沉淀、成长可以积累，但在原单位的很多积淀随着你的离开都将化为零。别小看这些隐形的职场资产，在不久的将来是会变现的，你要的高职、高薪都与它们有关。

我不反对跳槽，但对于没有经过认真思考的跳槽，劝君慎之再慎！职场如同战场，每走一步，都是赌注：跳得好，从此平步青云；跳不好，又将走在面试的路上。

第二章

薪资、心事，爱恨交织

天下熙熙，皆为利来；天下攘攘，皆为利往。普天之下，芸芸众生为了利益蜂拥而至，又为了利益各奔东西。职场上，因利而相聚，薪资成了心事，爱有几分？恨有几分？

金钱不是万能的，
但离开它却是万万不能的。
爱有几分，恨有几许？
做奴隶？做主人？

不要纠结与自己有关的小利

十

工作不较真，利益死较劲。哪怕米粒大小的利益，与他人纠缠大半天，与自己纠结好几天。得到的是一点儿小米粒，而伤的却是神。

月初，某公司按照惯例要公布上月考勤了，人事专员按程序逐人进行核对。当与小萌核对时，她大叫起来：“怎么可能呢？我家离公司这么近，走路就到了，绝对不会迟到的。那肯定是打卡器的问题，或者就是统计问题，我要去核对数据，查清了再签字。”于是，小萌去找人反映。先是直管领导，之后是部门经理，最后报到公司人力资源领导，小萌反复申辩：“可能机器漏掉了，或许是哪个人从中搞鬼，我肯定是打卡了……不行……我要查看电子录像。”经公司领导层层批示，安排负责行政的人员和小萌一起调看当天的电子录像。花了近三个小时，最后证实：小萌的确是漏打卡两次，有一次是公司统计出了问题。

小萌很高兴，本来要扣三十元的，现在只扣二十元，为自己找回了十元。于是，她逢人就讲："你们以后要小心啊，放精明点儿。公司考勤常出问题，幸亏自己及早发现，要不然就吃了哑巴亏。"

从这次以后，公司很多人都在不同场合听到小萌说："我上月的奖金也少了五十元，福利补贴还差八十元，咱们公司也没饭补。"

…………

关于考勤出问题，也许是机器的毛病，也许是管理的疏忽，也许是责任人的大意，这些因素都有可能造成这样的错误出现。其实，不仅仅是考勤，诸如此类的还有计算薪资、发放福利等。像这样的一些细小事情在企业中时有发生。

在上述案例中，小萌对待考勤这件事异常重视，不惜时间和精力，一个来回不行，还折腾几个来回。找一个领导不行，还找了好几个领导。最后，总算是把这件小事弄清楚了。小萌觉得为自己的正当利益争取挺聪明，也挺过瘾。

很多公司的员工或许也会像小萌这样，打破砂锅问到底，弄个水落石出。殊不知这是“抓了芝麻，丢了西瓜”，是得不偿失的。

为了这“三十元钱”大叫申辩，定会影响到情绪。每次为小事情情绪起伏过大，激怒肝火，日积月累，一定会对身体有影响。工作可以说是别人的，但身体一定是自己的。为了“三十元钱”把身体搞坏了，值得吗？

为了“三十元钱”，来回折腾，找经理、找领导，查录像，耗时不少。用这么多时间，去为了区区“三十元钱”值当吗？要知道这么多时间能做多少工作，创造多少财富！

“工作不较真，利益死较劲”定会影响同事对自己的看法，在人家眼中会形成小气、没格局的印象。这种印象一经形成，在这个环境里就基本上是永久性的。“三十元钱”和印象分孰重孰轻，一看便知。同时，为了小利，硬要同事为你查个水落石出，即使结果证明你是对的，同事弄错了，也许同事当面会跟你说“对不起”，但以后或许就有无数双藏在暗处的“小鞋”等着你。明枪易躲，暗箭难防，是穿“小鞋”，还是不拿“三十元钱”？

在工作中，要有豁达的心态，要无所谓一点儿，不能像小萌那样为三十元钱而“认真”。即使你是对的，拿到“三十元钱”，你也只是获得“点”的胜利而没获得“面”的胜利。或者说今天获得了“点”的胜利，而失去了明天“面”的胜利，这是典型的因小失大。何况在这些情况当中，自己也并非完全都是对的，因为任何人都有疏忽的时候。

古人有言“难得糊涂”。过高过深的境界，我们体会不到。但小事糊涂，还是能做到的吧？所以，遇到此种问题，不要为了这“三十元钱”去斤斤计较，不要为这“三十元钱”去查个水落石出，不要为这“三十元钱”去争吵，更不要为了这“三十元钱”到处宣扬。倒不如相信公司提供的数据是对的，潇洒地签字。即使有问题也是小问题，无须死磕，留足充沛的时间和精力去干该干的事，为公司和个人去创造更大的价值。

莫拿离职威胁公司加薪

地球少了谁都能正常转，企业少了你也不会因此破产。用离职作为威胁来与公司博弈，“得手”一次，决不会有第二次，很有可能会反被“消灭”。自己有多少分量，要掂掂看，想清楚了再决定。

R 是某公司的中层管理者，老员工了，懂业务，属于顶梁柱，自然许多事情也很倚仗他。内外两重天，R 在家庭里却是“妻管严”，很惧内。儿子要买房结婚，老婆就吹枕边风：“你看你那同学，还有我那同事，每月都拿多少工资？你是你们公司的元老，工资多少年才加一次，而且，每次加那么一丁点。你没听人常说‘会哭的孩子有奶吃’，你不会跟公司领导多说几次吗？”R 拒绝：“公司待我不薄，我开不了口。”

每次回家，老婆说来说去还是这一套，搞得 R 烦不胜烦，就反问老婆：“你说加就加了？”老婆便开导他：“你所管的下面不是有团队吗？把能力最棒的一个赶走，那么，懂技术的就只有你一人了。这块业务你一人干两人的活儿，再提出加薪不就有理由了？公司如再不答应，你就提出离职，看他怎么办。”于是，对老婆言听计从的R就裁掉一名最好的技术骨干。之后，他找到领导，说自己任务重，一人干了两个人的活儿，即便不拿两个人的工资，最起码加一半才算合理。因情况变化突然，公司领导当时没答应，只回复看看再说。一周后，R又找到领导说如再不加薪就辞职。公司一时没办法，只好答应了他的要求。

沾沾自喜的R老婆开始挑选儿子的婚房了。

公司总经理感觉不对头，遂发布一道密令：在市场上重新挖一个人才过来，技术水平要更高，并限期三天内办妥。紧接着，公司把R的这个部门一分为二：R和新来的技术员各带一个部门，竞争比业绩。结果，每次都是R输。R慌了，回去跟老婆吵：“就你给我添乱，我干了六年，在公司一直没这么丢人，都是你惹的祸。”

在公司技术部门一分为二期间，因为R的技术落后，最终被淘汰出局，公司又把两个部门合成一个部门了。

上述故事中的R为什么会出局呢？

员工是胳膊，公司是大腿，胳膊岂能拧过大腿？公司是一个组织，里面人才济济，即使你在核心岗位，也不是缺你不可。多你一个不显得多，少你一个不显得少。没有你，难道公司会就此垮台？你也太高看自己了。请放心，公司会有办法解决的。或者是从外面新招技术更好的人，或者是从内部培养出更优秀的人。公司与其如鲠在喉，不如壮士断腕，杀鸡给猴看。任何领导者决不会让这雕虫小技、投机耍滑的人得逞。即使公司在特殊的情况下考虑你的需求，答应你的要求，你也别高兴得太早。公司是权宜之计，是万不得已而为之。一有机会，一定会清理门户。退一万步来说，公司有足够的胸怀容纳你的伎俩，不淘汰你，也不会重用你了，因为你和公司之间已有伤口。

如果你确实感觉到薪资与市场水平不匹配，你可以在适当的情况下向公司提出来。这个适当的情况就是公司运作正常，没有出现大的波澜。否则，公司必定会认为你是趁火打劫。

R 不但拿离职来要求加薪，而且还密谋设计，自以为高明，实则伎俩低劣，“开”有余辜，不该可惜。

职场人士，一定要分清利害关系，掂掂自己的分量，无论何种原因和理由，千万不要拿离职威胁公司要求加薪。

同事报给你的薪资不一定是真的

十

真真假假，假假真真；真亦假，假亦真。职场真假难辨，江湖诡道也。莫辨他人真假，做好自己就是真。

A和B是某公司的老员工，职位都是公司业务经理，只是负责不同的区域。俩人很要好，每次定期回公司开会总是一起吃饭，平时也经常电话沟通和微信聊天。对公司很多事情的态度经常保持一致，如同一个鼻孔呼吸，正好俩人都姓花，同事送她们雅号为“姐妹花”。

到了年底，公司要发年终奖，总经理分别与各部门经理作年度沟通。当轮到A时，她一听说年终奖是两万元，很激动，赶忙说：“业绩没多大突破，可是，奖金却发那么多，我都不好意思啦。下一年我一定更好地工作，回报公司。”在出门时，总经理特意交待：“奖金、薪资是要保密的。”A连忙道：“必须的。”之后，轮到B。当得知年终奖是两万元时，她感动得当场哭了，说："总经理对我太好了，这大大超出了预期，其实不用那么多。"当B准备把钱抽出来一部分时，被总经理拒绝了。临出门，总经理同样交代B要对奖金保密，B也同样表态：放心，绝对保密，对老公也不报实数。

A、B和其他同事一样，拿着年终奖买了礼品，兴高采烈地回家过年了。在火车上，"姐妹花"都发微信给总经理，再次对拿到丰厚奖金一事表示感谢。

假期空闲多，A和B的电话、微信就更加密集了。聊来聊去，聊到年终奖。B问A："这次年终奖发了不少，够买年货了吧？"A很警觉：怎么，要套老娘的年终奖？我何不反着来，把你的先套出来。于是，就骗B说："本来公司是要给我四万元的，不过我没要那么多，退回了一万元，得了三万元。你是多少？"B一听就恼火了，叫嚷起来："咱们业绩都差不多，都是部门经理，为什么我只得两万元，而你却是三万元？"A一听对方说是两万元，知道把B的老底探出来了，为自己的智商叫绝，心里窃喜。B沉不住气了，立即给总经理打过去电话，哭着跟总经理说："公司不公平，凭什么给A三万元，而只给我两万元？"总经理听了之后，很是气愤，问："谁跟你说的？"B道："A自己说的。"并把微信聊天记录的截图发给总经理看。总经理质问："谁让你们问的，不是再三强调让你们保密吗？谁允许你打听别人的？"总经理一肚子火，直接给A打电话。A轻描淡写地来了一句："不就是跟她开个玩笑吗？"总经理立即决定，A、B各罚五千元，以示惩戒。

这是一起关于奖金的闹剧。A 和 B 这对姐妹花因打听对方奖金误进雷区，落得不愉快，受到重罚。

薪资和奖金一般都保密,而人性则往往是越保密越感兴趣。在职场上，类似 A 和 B 这样的人还不少。对同事的薪资和奖金好奇，想方设法打听对方的薪资和奖金，或是拐弯抹角，或是直接探问，或是设计套话等，不一而足。

现代社会里，一般来讲，大家都很忌讳打听年龄和薪资的，薪资尤为隐私。为什么呢？因为薪资从某种意义上讲代表着该薪资主人的社会价值。如果全部如实报了出来，岂不等于是在众人面前“裸奔”了？而稍有修养的人又怎能愿意这样尴尬地站在聚光灯下，脱光了让人观看？与其让人尴尬，让自己尴尬，不如不问。假如你不识趣，拐弯抹角地打听别人的薪资，有的人为了照顾你的面子，会报给你一个数字，但这个数字一般都是假的。好面子的人可能会多报，不会说真话。有些人会少报，因为他们可能要藏富，说不定是怕别人来找他们借钱呢！不管多报还是少报，都一样，未必是真实的。既然对方报的数目是假的，你再挖空心思去打听，还有什么意义？这不是白费心机吗？再说，职场是个利益场，各有各的打算，心怀鬼胎者大有其人，看似风平浪静，其实暗潮汹涌。你以为的未必就是你以为的。哪怕称兄道弟、姐妹情谊，都是冲着利益，真真假假，虚虚实实，没那么简单。即使对方很真诚，给你报的是真数字，也没有多少意义。比你高又如何呢？对方会给你加薪资吗？如果比你少了，你会拿自己的给对方补上吗？既然对方不会给你加，你也不会给对方补，这样忙来忙去，比来比去，还影响心情，岂不是吃饱撑的？净做无用功！

好奇害死猫，不要窥探人家薪资，不要为一个虚无的数字自找难堪，白费心机，自寻烦恼，自找绝路。

你的薪资谁操心

十

是你的，跑不掉；不是你的，白操心。薪资不是操心出来的，是干出来的，把事情做好了，薪资水到渠成。不操心事，操心钱，舍本逐末，瞎操心。

玟毕业三年，跳槽五次。在一次朋友聚会上，她借机向好友诉苦，以前那些公司怎么怎么对自己不公："你们看，我来这家公司快一年了，按惯例该加薪资了，但如何确保让公司加？怎样多加？求哥哥姐姐们高招指教一下。"

朋友们你一言我一语，热心地为玟出谋划策。

聚餐就在玟的薪资主题里结束了。

送别大家，玟和男友相偎走在路灯下。

"入职协议的转正加薪时间眼看就要到了，公司能如期履行吗？"玟狐疑自问。

"如果不行，附近还有一家公司正在招人。跳还是不跳？”玟又询问男友。

“还跳？干脆就飞好了。只要是协议之内说好的，不用担心的。”

“如果不加怎么办？”

“没有‘怎么办’，你这是瞎操心。”

一听这话，玟娇嗔道：“你这家伙，究竟是哪一边的？怎么净向着外人？”说着，在男友背上“啪啪”打了两下。

男友转身，微笑着把玟抱着，嬉笑道：“女王息怒，哈哈。”

第二天上班，玟一边做着报表，一边脑子里想着加薪。忽然收到男友一个短信：“专心工作，数字上报前再检查一下。”

“这还差不多。”玟心里嘀咕，在一组报表填写后又检查了一下。这一检查，吓出一身冷汗：一组关键数据错了！这里错了会影响到季度的工作进程的。

“谢天谢地。”玟内心庆幸。

玟不知道的是，与此同时，公司小会议室里正在召开年度调薪会议。总经理表态：薪资至关重要，对员工影响很大，分三个档次办理——表现好的，要加得心花怒放；表现平平的，给出方向，指出问题，按市场整体水平来办；混日子的，谈话不加薪，甚至还要减薪。

后来，玟的事情按合同如期兑现了。她还听很多的老员工说，公司这么多年一直是秉公处理薪资、奖金问题，自他们进公司，就没发现有差错出现，等等。之前还对公司不信任的玟此时羞愧起来，干起工作来更带劲了。不久，男友那边也传来好消息：他一直漠不关心的薪资本月又涨了三千元。

君子爱财，取之有道。道就是方法，职场人士在乎薪资无可厚非。薪资虽然不能证明一切，但毕竟代表自身的价值，决定自己的生活品质。不过，取的时候，还是挺有讲究的，不同的取法，结果天壤之别。

有的人天天关注自己那点薪资是不是该涨了、如何提高自己的加薪技巧、如何把公司搞定等。事实证明，都是瞎操心。这样的人最终薪资并没加多少。而另一种人，从不关注这档事，安心工作，反而不求自来，且还常常超出预期值，惊喜不少。因为薪资的多少不在薪资本身，而在薪资背后——工作。

钱是公司的，你天天惦记，为了涨工资，为了多涨工资，把心事放在如何编故事上，放在谈判技巧上，舍本逐末。你以为领导是三岁小孩啊，公司所有人的智商都比你低？公司是盈利机构，是最理性的地方。不会因为你的故事编得很动人，不会因为你的技巧很到位，就给你加工资的。公司是生意场，自然懂得等价交换：要加薪可以，在工作上创造相应的价值。否则，没门儿。

与其临渊羡鱼，不如退而结网。既然你的故事没法让你的薪资变多，那就老老实实按照价值规律，全心全意把你的工作做好，做到极致。让公司觉得：你现在拿的那点薪资太少了，太对不起你，太委屈你了，这样的员工再不加薪于心何忍？你说，如果是这样，你还用担心钱吗？作为职场人士，你的工作就是做事的，操心该操心的事。薪资是领导操心的事情，你何必去越俎代庖呢？如果你的领导不尽到他的职责，不操心你的薪资，市场上还会有其他的公司领导给你操心，你说你的领导还会不操心你的薪资吗？你的事情做到位了，他不操心，你以后则会让他揪心；与其以后揪心，不如早早替你操心。

职场上，还是分工明确的好，你操心公司的事，公司操心你的钱。

协议之内的薪资

十

俗话讲：没有规矩不成方圆。协议之内的东西，有理有据，有凭有证，白纸黑字，清清楚楚。若是出尔反尔，要么自打耳光，要么自毁前程。

周末休息，锋脑子里的事情又纠缠在一起了，乱糟糟的。

锋是个有一技之长的技术骨干，之前的那家公司开出的薪资偏低，与自己的能力比起来，吃亏了，他选择了跳槽。进入现在这家公司时，尽管他提出的薪资比上家开出的高，双方还是顺利谈妥并签定协议。三个月后，锋对公司情况很清楚了，也知道了所在的部门居于公司的核心位置。而且，自己所做的事又是核心区块的“机芯”部分。于是，他推断自己也算是举足轻重的关键人物了。可糟心的是，他发现与自己工作同类别的员工都比自己的薪资高。尤其是本部门的几个同事，能力并不及他，但薪资居然也都在他之上。

“要找总经理谈谈，不能吃这亏。”锋心里拿定主意，“如果公司不加薪，我就提出离职，看他们怎么办？”

周一上班后，锋所在的业务区块一片繁忙。下午临近下班时，锋敲开总经理的门。不一会儿，锋从里面走了出来，面带不快：没有谈成。

两天后，锋再次找到总经理，坚持要求加薪，但依然无果。

当锋第三次提出加薪时，总经理正忙着其他的事情，被他被搞得烦不胜烦，勉强答应了他的要求。

很快到领工资的时间，这次锋多领了不少。口袋里揣着新领的厚厚一沓钱，锋心里像喝了蜜一样甜。

转眼到年终的时候了，公司公布评优的奖金一万元、欧洲十日游名单，里面没有锋的名字。之后，公司又提拔了一批年轻人，结果还是没有锋的名字。

无聊无趣的锋自己算了一下账：之前他要求补加的薪资还不够欧洲十日游一趟，更别说晋升了。而正常情况下，凭技术，他是十拿九稳能升职加薪的。

锋后悔了，感觉肠子都变成青色的了。

很多职场人士被一些蝇头小利所困，自作聪明，实质却是犯了一些职场大忌，必然会自酿苦果。

在上面的故事中，锋认为上家公司所开薪资过低，跟自己的能力不匹配。获悉有与自己能力相符合的公司后，锋就跳槽，终于拿到了满意的薪资。不过，在入职一段时间后，锋发现其在公司的位置很关键，于是就“挟重”，三番五次地要求加薪，甚至不惜以辞职相胁迫。本来已经谈妥了薪资标准，而当发现自己“还有几两铁，能打几根钉”时，锋就见利忘义，无理取闹。结果，年终评优的奖金飞了，欧洲旅游也没了，还葬送了新人提拔的大好机会。可能锋的生活确实有些压力，家庭用钱的地方挺多；也许锋对市场行情不了解，导致他认为薪资还是不匹配；也许锋跟同事左比右比，同事报的薪资并非真实。即使真实，人家或许比他入职的时间长；或许技术比他高；或许是领导的心腹爱将。但无论哪种原因，这边协议书墨迹未干，纸面温度尚存，那边却要增加薪资，这岂不是“不拿豆包当干粮”，不把规矩当回事？要知道，这是在职场，你这中途撕毁协议，不符合现代社会的契约精神，是想当然的“乱弹琴”。

从公司角度来看，你这一点薪资对于偌大的产业来说，真的是微不足道。即便是再给你多加十倍，公司也照样拿得出。但当公司需要你的时候，你却下卡子、撂挑子，这是把公司当成对手或敌手了，哪一家企业愿意重用这样的员工？公司已经同意更改协议，而且还履行完更改后的协议，人家评优、人家旅游、人家晋升等都是协议之外的事情，自然就不会考虑你喽。

对个人来说，没有起码职场规矩的人，即使你有几把刷子，哪家企业敢重用你这样出尔反尔的人呢？即使你的薪资确实是少了，你也得忍着，也要等到合同期过了之后再说。或许公司没到那个时候，就已主动给你加了薪资。或许公司觉得，你薪资少拿了一些，会通过奖金、旅游等其他的形式给你补偿。或许下次加薪时多给你加上。即使公司没给你补，也算是你为自己当时无知的买单，应该自己承受，不应转嫁给公司。因为那一点钱数目有限，顶多影响你一年。而个人的形象是无价的，如若受损，则会影响一生。

员工与公司之间的关系是要靠薪资和奖金来体现的，它既严肃又微妙。如果你首先破坏了这个信任，最后，伤不起的当然是你。

是拿薪资干事情，还是干事情拿薪资

十

到底是干事情拿薪资，还是拿薪资干事情？很简单，好比投资理财，有投入才有收获。那么，职场人士也需要有投资的思想。不干活，哪来的钱？

A 君从农村出来，家里共有三兄弟，只有他上了大学。父母引以为豪，村里人也都认为他是天之骄子。毕业后，A 君也像其他大学生那样，在一个大城市里打工。转眼春节临近，A 君收拾收拾就回家去了。

因为经常出差，人变黑了，A 君看上去有点消瘦。回到家里，老娘第一眼看见，心疼道："儿子你怎么了，毕业时还白白胖胖的，年初也是壮壮实实的。怎么这次回来就变得又黑又瘦，是不是天天加班、熬夜，是不是吃不好、睡不好？公司给这么一点钱还这么拼命干，真是个傻孩子。以后放聪明点，给多少钱干多少事，别当傻子。多留点心眼儿，上司在的时候多干，不在的时候就少干，反正公司又不是你的。看你变成这样了，当娘的心疼啊！没享到福反受这大罪，你这些年大学不就白读了？”一顿唠叨不算，还一天几遍，让A君整个春节假期都心情不畅。A君头脑里反复思考着这些话，回想公司里的情景：整个公司不是有很多这样“论价干活”的吗？而他们还得到了表扬。像老娘跟我说过的这些话，其实公司里也有人跟我说过，怎么就我一个傻子，一个人这么干？领导偶尔表扬也只是口头说说而已，也没见什么好处啊？ A君内心很是矛盾，煎熬得年也没过好。

勉强过完年，A君要回公司上班了。老娘送儿子到村口，又再三叮咛：“儿子，不要再吃亏了，不要再上当了，不要做亏本买卖，你看你瘦成这样，娘心疼啊……”

回公司后，A君上班像换了一个人。听了老娘的话，想起别人说的，也搞起了偷奸耍滑的伎俩：明着一套，暗着一套，偶尔也能得到领导表扬，A君心中窃喜。

又是一个春节，A君再回到家里时，老娘笑逐颜开：“这回白了，也胖了。没挣到钱，以后再挣，只要人好好的就行。”之后，又唠叨开来：“儿子真聪明，你看你是不是听了老娘的话，就不一样吧？这世道，实诚人吃亏。”A君也附和：“还是娘聪明，姜是老的辣。”

如此这般，A君再回到公司时依然如此，平平庸庸的A君一直也没学到一技之长。

全球经济下行时，公司破产了。A君去找工作，一再落聘。A君找了两个月，才找到一份工作。不曾想，新公司开出的薪资比原来的还低，原因是A君没有一技之长。

一棵好苗被腰折，一朵好花被误栽。

在上文案例中，A君刚毕业那阵，诚实可爱，做事认真，不计名利，可谓前途一片光明。但是，在老娘“循循善诱”和同事“经验启发”下，A君向上的心态变成了向俗的心态，开始了随大流：贪图安逸，眼盯着钱。公司给多少钱干多少事，不再多干多做，不愿再做“傻子”。结果，平庸度日，虚度光阴，没有专长。后来，再重新找工作时，却因“平庸无能”，薪资比原来的还低。

可怜天下父母心。是的，不能怪娘，她是心疼你，才反复说让你少干一点。公司同事可能是善意相劝，也许是蓄意瓦解你的斗志。但无论是哪一种，都只能怪自己没有主见。不然，最后也不会那么惨。

“给多少薪资，干多少事情”。在职场中，很多人内心都是这样的想法，都是“看菜吃饭”。当他拿到公司给的一百元时，只会做这个钱数之内的事情，多一点也不会做。因为再做，自己就是傻子，已经破坏了等价交换的规律，公司也不会多给钱，说不定还会遭到同事的讥讽，说自己没出息。如此，他会觉得自己很聪明，没受到公司的压榨。不过，一年半载倒没什么，你有的是时间。但十年八载呢，你的大好青春是不是白白浪费了？这样“磨洋工”，空耗时日，蹉跎岁月。其实，亏的最大的不是公司，而是自己。

如果把“给多少薪资”与“干多少事情”调个个儿，“干多少事情”在前，“给多少薪资”在后，结果会是两样。开办公司的都是精明人，“不见兔子不撒鹰”，他会紧盯着你做的事情开价，干一百元的事情，给一百元钱。如果你是个积极进取的人，干了两百元的活儿，只得一百元，也不要有什么“失落感”。为什么呢？因为多做事情，先迈出一步，就是一种投资。而这部分投资，公司也会回报给你。如果没有立即给你，也不要抱怨，它是长效性的。这犹如存款，权且存放那里，早晚会兑现。如果不兑现，也无须着急，年轻人力气用不完，吃顿饭，睡个觉，又回来了，你又没少什么东西？不但没少，反而还在这个平台上练就了一身本事，有了“金刚钻”，还怕没活儿干？

A 君是一面镜子，它告诉我们：在职场，要正确对待“干事情和要薪资”的关系，那就是干多少事情给多少薪资，而不是给多少薪资才干多少事情。

薪资机密岂可泄漏

十

薪资是身价，你把身价告知天下，拿多了，人家嫉妒；少了，人家看不起。对薪资这个怪东西，还是像底裤一样，穿在里面不外露好了。

小婧刚入职某公司，对什么都好奇。公司的产品、顾客、业务、领导特点等，都是她想要问的。很快，公司许多人都知道了这个漂亮的新员工小婧是个快言快语的女孩子，见面时总是喜欢和她打个招呼。

中午用餐时，小婧同产品部的老李同桌。

“李叔在公司有多长时间了？薪资一定很高吧？”

“哦，小美女，本来不能告诉你的。但看你也是个好孩子，给你说了，可不能出去乱讲的。我来这家公司时间不是很长，每月七千元钱。”

“放心吧，我不是那种乱讲话的人。”

小婧性格外向、交际好，公司一部分人很快就成了小婧的朋友，甚至有些关系还很好，比如产品部小汪已经请小婧吃过几次饭了。这不，周末了，小婧又接到小汪的邀请，两人边逛边吃边玩。

“你与老李做同样的工作，薪资也应该一样吧？”

“很多人对薪资很敏感，一般都回避。你知道了，不要对外乱讲。不知他多少，我四千元钱。”

“别逗了，汪哥。人家老李怎么会比你多三千元呢？”

“什么？他有七千元？”小汪不再淡定了，“可他和我同一个月进公司的。”

最终，游玩在小汪的重重心事中草草结束。

再来上班时，小汪总感觉有什么不对劲，很多话到了嘴边，又不知如何说起。恍惚起来，手脚也慢了下来。

在接下来的工作中，从来不曾出错的小汪居然出现两次纰漏。这种心不在焉的状态让小汪自己警觉起来：要么找领导谈一下薪资，要么辞职走人。对，先找领导谈一下。当小汪再从领导那里出来时，明显感觉轻松了。原来他是被作为培养对象在锻炼，当然是“任务重、难度大，薪资和奖金低”了，他是公司有意锻炼并将重用的后备人才。

“幸亏自己没有辞职。”小汪内心庆幸。

不少职场新人走上工作岗位时，会发现企业实行薪酬保密制度，并作为红线，禁止员工之间相互讨论薪酬。但是，就有一些员工对他人的薪酬好奇。

所谓天机不可泄露，薪酬在公司也是一条天机，不可道破。你不要天真地以为与某某是兄弟、闺蜜，即使他当场会说：你不信我，还信谁啊？甚至拍胸脯发誓，但一转身，话就已经跑到第三方那里了。你只要跟人说了，就等于公布于天下了。上文案例中，小婧与老李谈论薪资，信誓旦旦保证不会说出去，可转眼间有意无意就告诉了小汪，惹出麻烦。退一步说，即使不说出去，不表明对方听了你的薪资后没想法。若是你的薪资高，就会沾沾自喜，觉得自豪，有优越感，自我感觉良好，但有可能是名不副实，自欺欺人罢了。而且，对方可能会生忌妒之心，而因此引来不必要的麻烦，甚至连朋友都做不成了。再说，若是对方的薪资高了，你心里不舒服，影响工作情绪，时间久了说不定消极怠工，产生负能量。

俗话说“咸吃萝卜淡操心”，是你的薪资不会跑，不是你的没必要打探。即使你无意中知道某人的薪资，也不要去攀比。同一岗位或多或少都会有薪资的差别。即使水平相同，暂时也无法做到绝对公平，但从长期来看，价格围绕价值上下波动是公平的。即使你认为自己能力高，付出多，拿的薪资比人家少，但你没从全面的角度来考虑：可能人家来公司的时间比你长，可能人家有独门绝技，可能人家就是领导的亲戚或爱将……这里面绝对有原因，公司绝对不付一分冤枉钱。或许什么都不是，公司暂时给他的也是出于某方面的无奈之举。所以，与其这样，还不如不枉费心机地去打听别人的薪资。

作为职场人士，不要去打听和讨论薪酬！即使知道自己的薪资被低估了，而同事的薪酬被高估了，你也要把眼光放长远，相信高估不会长远，低估领导迟早也会知道，企业是不会让“品才双优”的好人吃亏的。如果真的是长期低估了，领导仍不知道，或知道了仍不解决，那么，这个企业也不值得你托付终身，再谋新路不迟。

职业目标远大于薪资

十

鱼与渔有别，鱼得一时，渔则一世。薪资即鱼，能带来一时的富足，却得不到长足发展。职场需要放远目标，以技能这个“渔”为导向，才能立于不败之地。

A君大学刚毕业初到某公司，发现和他年龄差不多的B已经在公司干了两年，并做了小部门的负责人了。

A君从最底层的小员工做起。虽然A君有学历，他却和各种没学历来打工的普通工人一样工作，做着公司最普通的事情。而且，他做得很认真。

有一段时间物价上涨，B就找到公司总经理，说每月工资不够开销，要求增加工资。公司还在犹豫时，B就经常请假，或是迟到或是早退。公司出于全局考虑，暂且答应了B的要求。加薪后，B的干劲大增。可是，好景不长，半年过后，B又无精打采，没干劲了。于是，之前的一幕再次出现：B唠叨着薪资少、钱不够花。

在B不断要求加薪的这段时间，A君却不提此事，依然埋头工作。其他人感觉有些奇怪，就劝他："你是有才华有贡献的，怎么不向公司提出加薪啊？"对此，A君掷地有声地回答："我来工作的目的是要把学到的知识运用于实践，并不单纯是为了工资薪水。"

B怎么也不能理解A君这样的态度和回答，讥讽道："小小年纪就装'高、大、上'，我不相信这世上还有跟钱过不去的人。"A君不予理睬，依然如故。

之后，公司内如同B一样要求加薪的事时有发生。

默默无闻的A君渐渐地成长，不断地成熟。

在全球经济寒潮时，公司受到影响，大量客户的订单取消，产品滞销积压，公司面临严峻挑战。羽翼已满的A君果敢谏言，在总裁的支持下，大刀阔斧，锐意进取，终于将企业从困境中解救出来。

一晃好几年过去了，A君不仅坐到副总经理、合伙人的位置上，并且还把这么多年在实战中摸索的经验汇编成册并出版了五本书。A君实现了自我价值，同时他的经历让更多的人得以借鉴并少走弯路。而B呢，中年之后离职，仍忙着跑人才市场，马不停蹄地穿梭于各家公司应聘。

在上文案例中，与万千的毕业生一样的是：A君走出校门就走进职场；与千万员工不一样的是：A君胸怀抱负，在职场中慢慢打开他的理想翅膀。

上文案例中的A君在职场中秉持信念，在某公司这个平台上获得了历练、沉淀和成长，有了宝贵的阅历和积累，实现了最大的价值。这就像存入银行的钱，迟早都能拿出来，还有利息，岂是薪资所能比的？它也是一笔宝藏，“取之不尽，用之不竭”，随时都可以变现，成为终生的财富。而拥有此类财富的人，终生都会身怀技艺。这些技艺和技能才是钱的源头，没技能哪来钱？即使给你很多的钱，那也是无源之水、无本之木，也会像水一样要干涸的。而一旦掌握了这些技能，既有青山，何愁没柴？还去在乎那一点薪资？

人要生存，工资是生活的保障，这也正常，无可厚非。但上文案例中的B目光短浅，紧盯着自己的薪水，动不动就要求加薪，加就有干劲，不加就没有。即使加了，也管不了多久，还会反弹回来，之后再找借口加薪。薪水没少要，但最终落得个到老还在四处应聘求职的结果。究其原因，无非是“本末倒置”了。其实，企业付给你的，除了薪资之外，还给了你历练的平台、成长的机会，但你却不珍惜。客观来讲，虽说你创造了财富，但公司为你付出的费用比薪资还高。想明白的人，尽快动身，去多关心将来，奔赴更高的人生目标才对。

A和B的差别是视野、格局的差别，说到底也是智商的差别。“站得高，看得远”，成功的人不为小事纠结，而是把有限的时间和精力都放在了最重要的其他思考点和关注点上了。

职场新人们要充分珍惜和利用公司这个平台，让自己迅速成长，这才是职业最高目标，而薪资只是顺带的。

你的薪资从哪里来

十

与其临渊羡鱼，不如退而结网。薪资是干出来的，绝非是要出来的。有磨嘴皮子的功夫，不如全心全意把自己的工作做好，做到极致。

A、B两人刚好同一天被聘进某公司，之前并不认识，来了之后分到同一部门、干同样的事情，属于同一级别。

在各自的岗位上，A、B两人把分内的事情都干得很好，业绩也咬得很紧。他们你追我赶，都很努力。一个偶然的机会，他们一道出差，关系拉得近了，攀谈起来投机，很快成为好朋友。于是，互相问起对方的薪资。

这一问，B才知道A比自己工资高。B就纳闷起来：我和A阅历、经验、学历、业绩都差不多，A怎么会比我高出那么多？就问A为什么。A说："你不会谈吧。当初招聘时，公司也要给我低的工资。但我和他们说，你看我上家公司就已经给我这么多了，要不是因家庭迁址也不会离职。现在又有老婆、孩子，还有房贷、车贷，没有足够的薪资是不行的。结果就给高了。”B心里很懊悔：我太老实了！凭什么他高我低，公司欺侮老实人！B问A:“那我该怎么办？”A说:“你真傻还是假傻，找公司谈啊。”

B出差一回来就找到公司领导，说出自己加薪的想法。领导也觉得B不差，就答应把工资加到与A一样高。B内心喜悦：真是无商不奸，还要再学聪明点，找机会再找领导谈加薪，这个比任何钻研技术、拼命干活来得快。

又过了一年，物价上涨。B觉得应该是公司给自己加薪的时候了，但看起来还没动静，遂想起上次谈加薪的事，心里嘀咕：不找公司谈，他们是不会主动加薪的。这次先提出加两千元，如果砍去一半，还能加一千元的。他留了心眼，没和A说，暗地里一个人去找领导谈。其实，这个时候公司已安排相关部门在做加薪的预算了。当看到B这种做法时，领导很恼火：看来是上次答应你，尝到了甜头。如果养成风气，公司都这样搞的话，以后还怎么管理？于是，领导决定杀鸡儆猴，把B的事情公布后，将他扫地出门。

在上面的案例中，B在第一次知道自己的薪资明显比A低得多时，提出加薪也算是合情合理。可能当初公司出于一些原因，不同薪资却录用了两个能力相近的员工。当员工B知道薪资低后，向公司提出，领导很快就同意了。由于领导不便明说缘由，被B误认为加薪是谈出来的，不是凭本事干出来的。因为有了上次要求加薪的成功，B对薪资的认识一错再错，那么，也就出现了他第二次要求加薪的错误举动。结果，被公司扫地出门。

职场上，有人工于心计、死磨硬缠，总把心思放在如何向公司多要薪资上。本来只干八十元的活儿却找理由要一百元，甚至要一百五十元的酬劳，如此漫天要价，岂不等于说公司是在给你打工？领导即使答应给你，可能是暂时没办法，但他的忍耐是有限的，最终也会整治你。相反，那些认为薪资是干出来的人，脚踏实地，状态一直很好，工作总是做到极致，业绩也常超出同事。如果是干了两百元的活儿，却拿了一百五十元的报酬，这才是真正在给公司打工。这样的好员工，公司又怎能亏待你呢？当然，年终评优奖金、出国旅游、晋职提升等都会首先考虑到你。

事实上，即便你再会谈，也不会超出公司用人发薪的底线。因为公司管着一群人，当然有一套制度规定。再说，公司也要向市场要效益的，没有效益拿什么来发工资？理论上讲，员工的薪资都是由自己劳动创造的，你不多创造业绩，公司总不能拿别人创造的利润来给你加薪吧？那些不去“多要薪资”，只埋头苦干的人，最终会名利双收。而那些整天不专心做事，却“专心于薪资”的人，最终将名利双失。不怕不识货，就怕货比货。何去何从，一眼便知。

职场人士请明辨：薪资是干出来的，绝非是要出来的！

第三章

气质、幽默，都很重要

气质，有阳春白雪的高雅；幽默，有接地气的趣味儿。气质七分天生，三分历练。光有气质，给人感觉“端着”，缺少生活的味道。来点幽默，让严肃的工作加点生活的味道，使其更加圆通自如。

生活需要油、盐、酱、醋，
工作也少不了“调味品”。
气质养眼，
幽默养耳，
这样的“福利”没人拒绝。

段子的力量

十

生活百般滋味，人生需要笑对。幽默喜感处处有，出口成章段子手。调侃也好，自黑也罢，有段子就有欢乐。

X 公司是一家文化企业，员工以年轻人为主，是地地道道的青年团队。可能是年龄相仿的缘故，平时大家在工作中也都比较谈得来。尤其是一些“大神”们，对手机着迷、网络成瘾，学来各种奇葩说，网络段子也是信手拈来。当大家沉闷、疲惫时，偶尔来一个段子，犹如一缕轻风，扫去了许多雾霾，让人有种拨云见日般的轻松愉悦。

“生前何必久睡，死后必将长眠”，不知是谁的一句调侃，打破了午后的沉寂。办公室里正在瞌睡的同事，立马爬起来，进入“战斗”状态。这时，小美跟大家讲了自己一闺蜜公司的事。她们公司有一个漂亮的女同事，她老公每天都会来给她送午饭，每次不说话，放下就走。新来的男同事看到了就问：刚才那人是谁啊？她回答：送外卖的。新来的就问：怎么没给钱？她说：不用给，晚上陪他睡一觉就好了。男同事沉默了，第二天，给她带了四菜一汤的午饭，整个办公室哄然大笑……

在上文案例中，X 这家公司看上去有些特立独行，不理解的人，甚至觉得很另类。不过，细细一想，在这种欢快愉悦的环境下工作，未尝不是一种享受。简简单单的段子，不但能逗人一乐，还渗透着回味无穷的内涵，令人啧啧称赞。

段子本身就带有一种幽默的喜感，给人带来快乐，让人高兴。很多人喜欢说段子、爱去讲段子，其实反映出的是这个人一种豁达、乐观的做人做事心态。段子手们编出来的各种各样的段子满足了自己的心理需求，也让听者开心。本来你心情不太好，听了人家的只言片语，也许心中的郁闷便烟消云散了。大家还记得里约奥运会上的傅园慧吗？这位泳坛健将的一句

“洪荒之力”，加上独一无二的表情，使其迅速蹿红网络。在段子的背后，人们欣赏的是傅园慧那种悠然自得的生活态度。所以，在公司、在团队中，营造这种充满阳光活力的工作氛围和文化理念，保持朝气蓬勃的战斗状态，才能不惧困难，迎接挑战。

段子如同脑筋急转弯一样，有着反其道而行的思维方式，在亦庄亦谐中，不仅陶冶情操，还启迪人生。一个段子的产生，凝聚着创作者的智慧结晶，千百次的语言锤炼和推理演进，才呈现出精华来。尤其是一些红段子，代表的是人家的生活态度与人生境界，戏谈嬉笑之间，也折射出耐人寻味的哲理，成为久唱不衰的经典。我们熟知的马三立单口相声《逗你玩》，一个个片段，至今犹在眼前，让人深思。同样的，在职场工作中，不经意间的段子游戏，传达的是领导、同事的价值观与理念，也能提醒工作中的一些注意事项。

职场中，段子也是同事关系的润滑剂。面对高压力、强竞争的职场工作，同事之间难免会有一些利益纠纷。倘若总是用一本正经的态度去对待彼此，时间久了，就会形成一种固化、呆板的环境氛围，没了情趣，多叫人难受啊。同事间茶余饭后加点段子作料，就能拉近彼此距离，稳固关系。

当然，段子也有好坏之分，积极、正能量的段子带给我们健康、愉悦，让人焕发活力，也为职场工作助力。

不可忽视的业余爱好

十

很多人调侃自己的业余爱好就是吃、玩手机，结果成就了大批的“吃货”或“低头族”。若是你觉得爱好无关痛痒，那就错了。

又到了某集团的年终晚会，人力资源经理找到了雯霞，让她好好表现，为公司露脸增光。雯霞一脸笑容，自信满满，爽快地答应了。她心里想着，当初就是因为自己的业余特长才被公司录用的，往事又浮现在眼前。

那年雯霞刚从大学毕业，向公司投递了简历，随后来参加面试。当时的主考官，也就是现在的人力资源经理，问了一些无关紧要的问题，本来准备让雯霞回去等消息的，等研究好了再给她答复。突然，经理看到雯霞简历的业余爱好栏写着：声乐表演。经理一下子来了兴趣，问：“是专业的吗？”雯霞壮着胆子说自己接受过专业训练。随即，经理让她现场来一首，于是，雯霞唱了一首毛阿敏的《思念》。在座的主考官们听得频频点头，大赞有专业水准。经过商议，凭着一首歌（当然，雯霞的学历也很高），雯霞就被录用了。

原来，雯霞本身就是一个“K歌”狂热分子，一有时间就喜欢唱歌。在大三时，她偶然间在网上看到一个针对职场白领的音乐兴趣班，闲来无事就报了名。经过一段时间的培训后，她有了很大的进步，加上个人独特的嗓音，音乐老师就建议她去学毛阿敏的歌。没想到，她所在的公司正苦于没有文艺表演人才，总是缺席集团的年终晚会。公司领导为此还特地“指示”过人力资源部，有机会留意一下这方面的人才。刚好遇到了雯霞来面试，也符合主考官们的口味需求，自然一拍即合，可谓绝妙。而且，雯霞后来还得知，集团里有的领导就是毛阿敏的“粉丝”。

年终晚会结束后，雯霞得到了集团领导的赏识，被提升为办公室主任。

我们在找工作、面试的过程中，经常会被问到业余兴趣爱好这样的话题。很多求职者觉得无关痛痒，认为不过是一种“闲聊”罢了，其实不然。业余爱好从一定程度上说，可以反映出一个人的性格、心态与价值观念。那么，健康的爱好不仅满足自己的心理需求，同样也为职场竞争增加筹码。雯霞的“上位”虽说有些机缘巧合，但这也是职场中无可争辩的事实，那就是业余爱好不可忽视。

很多职场人士总是说工作压力大，任务重，精神透支。隔三岔五地还要加班，除了休息日，整个人都被困在工作中，觉得很累。这些也都可以理解，人毕竟不是机器，长时间的运转，肯定会产生疲劳感。同一件事情做久了，也会厌倦、懈怠，没了趣味。如果能在工作之余，有自己喜欢的业余爱好，作为一种调剂，既缓解了压力，也得到了乐趣。打打球、跑跑步，或者常去健身房走走，运动之后酣畅淋漓的感觉，让整个人的心情会好很多。不知不觉中，也让长期待在办公室的我们有一个活动的时间与空间，锻炼了身体，磨砺了意志。所以，培养一门业余爱好，多参加运动，职场人士会更快乐，身心会更舒畅。

在网络时代，人们的业余时间几乎都被电子产品霸占，尤其是年轻人，总是手机不离手。在路上，在车上，在饭桌，在床上，在厕所……手机如同鬼魅一般，与人从来是“形影不离”。有多少人，睡觉被手机砸过脸；又有多少人，聚会时因手机而疏远亲友。很多人调侃自己的业余爱好就是吃、玩手机，结果成就了大批的“吃货”或“低头族”。不妨放下手机，利用业余时间，重拾那些阔别已久的业余爱好，并付诸实践。比如，报个书法班，搞些读书会，订个阅读计划……用知识来丰富自己的内涵，提升个人品位。把更多的时间用在有价值、有意义的业余爱好中，不要让无聊的东西让自己变得浑浑噩噩。在知识更新换代迅猛的今天，倘若没有一个终身学习的概念，就会被时代淘汰。很多上班族总说没时间，其实这并不是理由，时间是挤出来的。现在，就连不少老年人都参加老年学校的进修，职场新人们又有什么理由不学习呢？所以，我们应该培养一门业余爱好，为自己充电，增强职业技能，让自己更具竞争力。

业余爱好作为职场的第二技能，也是个人能力的展现，会为你的职场生涯锦上添花。在激烈的竞争中，拥有共同兴趣的业余爱好，让你与领导、同事间也会有更多的话题。比如，大家都喜欢下棋，通过几个回合的拼杀，增进了了解，关系也会更亲密。

合理使用微信与QQ

十

有了微信和QQ，天涯海角不发愁。
躺着、坐着、站着、蹲着，到哪儿聊哪儿，
刷不完的信息，一个个成了“刷屏手”。

“嘀嘀嘀……嘟嘟嘟……”接连不断的消息提醒充斥着电脑屏幕。一会儿是企鹅，一会儿是气泡，此起彼伏，让人疲于应付。

S是某广告公司的策划专员，平时的工作就是搞搞文字、图画创意之类的。可能是出于习惯，抑或是调解工作上的疲劳，上班期间，S总喜欢登上电脑微信和QQ，时不时去看看消息，这样一来，难免就会有些聊天、对话。

这天，部门经理交给S一份创意策划，要求他下班前搞定，尽快交上来。于是乎，S迅速进入工作状态，充分发挥其“键盘党”的功夫，噼里啪啦，有模有样。

不一会儿，屏幕下方的微信黄条闪动了两下，S顺手点击查看。“下班后吃什么呀，我要订餐了。”没隔几分钟，黄条又闪动了，“周末有活动吗，邀上几个朋友，去KTV唱个歌怎么样？”一来二去，几个回合之后，S终于回答完问题，可以跳到刚才的工作页面了。可此时，S脑中一片游离状态，看消息前，明明想到的一个好点子，现在却怎么也回忆不起来了。无奈，他只好重新将整篇文稿方案从头来过，又是一番琢磨。等到思绪理清后，他才慢慢进入了工作状态。手机屏幕上的企鹅又张开了飞翔的翅膀，跃跃欲试，跳动着向人走来。如此一番折腾后，眼见离下班时间不远了。那边有同事传话来：“S，你的方案做好了吗？经理让你送过去啊。”时不待我，S竟耍起了小聪明，想着过后还可以去修改，也就匆匆收尾，将策划报告给了部门经理。

S自以为做得滴水不漏，还沾沾自喜。长此以往，S的工作质量变得越来越差，渐渐地被上级领导疏远，得不到赏识，最终沦入了末流。

互联网是一个崭新又神奇的世界，已经成为人类社会不可或缺的部分。无论是在通讯方面，还是在社交方面，抑或是在贸易、云端服务等方面，都离不开网络的影子。由腾讯公司研发的QQ、微信也应时而生，更是大步“侵入”现代人的生活，给人们带来了便捷。只要有网络，你可以在世界的任何一个角落，拿着你的手机与对方聊天，享受互联网的乐趣。

凡事有利有弊，互联网在给我们带来便捷的同时，也产生了许多麻烦。很多职场人士上班时间聊微信、QQ已经让越来越多的企业管理者很头疼。为了提高工作效率，很多企业都明令禁止上班时间使用微信、QQ等聊天工具，但仍然有部分员工铤而走险，私下偷偷进行。

上文案例中的S上班期间本来有需要完成的工作任务，却在期间穿梭于微信、QQ等社交工具之中。原本需要三个小时才能完成的工作，可他打了个五折，用上一个半小时草草收口，应付领导、应付公司，节约时间来聊天。人家在用心工作，S却偷偷同朋友商量吃喝玩乐，这样心不在焉，工作还会有效果吗？长此下去，最终受伤害的还是他自己！因为你的技术不到家，因为你的低绩效，职场升职、加薪自然就没有你的份了，你甚至会被淘汰出局。

职场人士有上下班时间，上班时间是拿薪资的，也就是你的时间是公司的，公司用钱把你的时间买断了。但微信、QQ实在太方便了，让很多职场人士上班期间不安分，偷偷与朋友、同学、恋人聊天，时时一心两用，即一边工作一边聊天。很多人打开电脑，埋头在电脑屏幕前，键盘噼啪噼啪响，外人根本不知他在聊天还是办公。哪怕是断了网，但也有手机网络；开会、办公场所不行，卫生间里聊呗。总之，便捷的网络让人们无时无刻都能实现聊天。而这种“温水煮青蛙”式的颓废，看似没甚大碍，却能让你逐渐堕落，最终一事无成。

基于此，建议那些求上进的职场人士，上班时间不要用QQ，不要用微信，把更多的时间与精力留在处理难点上，尽可能快、狠、准地去完成重要工作，不要将时间浪费在无关紧要的事情上。在什么山唱什么歌，切不可本末倒置。尽可能在有限的时间里做出更多有价值、有意义的事情，让自己的职场之路越走越好。

当然，也有这样的现象：因工作需要，上班期间需登录微信、QQ，但这仅仅是工作工具，而不是私人聊天的方式。

作为职场人士，要做好自己的时间管理，要事第一，少做或者不做没意义的事情，针对微信、QQ，比较合理、妥当的做法是：每个人难免都有自己私人的事情，难免在上班时间被这些私事打扰，建议直接使用电话，几分钟就能解决事情。而用微信、QQ，一来二去，一个简单的事情可能要花费半小时，甚至一小时，浪费不少时间与精力。与爸妈、爱人等亲人事先打好招呼，上班时间不聊微信、QQ，有事打电话。微信、QQ打扰你的思绪，一来影响工作效率；二来被领导、同事发现，印象不好。不要在上班期间更新朋友圈。晒朋友圈逐渐成为人们最喜爱的生活方式之一，晒旅游的、晒美食的、晒娃的、晒心情的、晒评论的、晒美文的……百花齐放、层出不穷！不过，上班期间晒朋友圈，领导、同事会觉得你太空闲，没事干，工作量不饱和；同时，也给别人留下工作不认真的印象。

经营一个有内涵的微信朋友圈

十

微信朋友圈是你的个人形象展板，是别人认识你的一扇窗。发什么，如何发，发多少，都是有讲究的。“晒”朋友圈，需要“晒”出品位，“晒”出人气。

某大型公司近些年来发展迅速，业务不断扩大，于是准备招聘一批新人入职。经过前几轮的层层筛选，有三个人入围了，分别是胡高、韩闵、蔡玉。

大家都是年轻人，平时对微博、QQ之类的都很着迷，尤其是刷微信朋友圈，是每天必干的事情。想着今后可能会在同一家公司上班，他们就互相加了微信，便于联系。

韩闵翻开了胡高的朋友圈：饭局、酒吧、KTV等，今天去哪玩了，明天又要吃什么，甚至还有些乌七八糟的段子，连兼职的微商产品也是一览无余。

蔡玉翻开了韩闵的朋友圈：关于个人的内容不太多，倒是转发了不少的美文，有生活的，有工作的，有教育的……

胡高翻开了蔡玉的朋友圈：经常会分享一些读书的内容，比如参加读书会，见书友，还有些原创文章，与家人、朋友间的感人画面，还有关于职场技能方面的培训学习……

第二天，他们三个人都到公司准备参加最后的入职面试，只能有两个人留下来。几个回合的问答，以及知识的考核，让人力资源部的经理一时难以决定谁去谁留。一旁的总经理翻开三人的微信朋友圈，几分钟后，决定录用了韩闵和蔡玉。沮丧的胡高还不知道怎么回事，感觉很委屈。原来，总经理对朋友圈里的内容很在意，觉得从中可以看出对方的为人与做事态度。胡高的朋友圈没有内涵，只知吃喝玩乐。

上面案例中的三个人，由于不同的朋友圈内容，给总经理留下的印象也截然不同。走高能路线的顺利通过面试；相反的如胡高，丢掉了工作的机会。可能有人还不以为然，会说微信朋友圈是自己的私人空间，觉得只要不违法就行，根本不在乎发什么内容，向来率性而为。殊不知，这是一种错误的认识。

在互联网时代，每个人一部手机，就是一个自媒体，而且是宣传自己的媒体，是个人对外发出信息的媒体。微信朋友圈作为其中最重要的一个窗口被人们广泛使用。对方通过这个窗口，感知你目前所处的状态，以及判断出你的心境、层次、生活品位。弄好了给你个人品牌加分，弄不好则减分。对于陌生人来说，彼此在微信上相识，对方了解你最直观的方式就是朋友圈。你发的内容是好还是坏，是雅还是俗，虽不能完全定义你这个人，却让人通过这些来定义对你的初步印象。即使是相识的熟人，平时不大交流，也是通过朋友圈来了解你的近期情况。由此可见，你的朋友圈内容绝非小事，它是你的一面镜子，不要觉得无所谓。

我们很欣赏那些在微信朋友圈里传递正能量的人，而不是像有些人把朋友圈当作随意的“传声筒”，把低俗、无聊的消息（甚至谣言）都往里面发。朋友圈不仅是一个信息传播的平台，更是个人文明修为的展板。你的每一句言词，不光反映你的素养，也影响身边的朋友。许多人就是整天在这个朋友圈里折腾——你说几段漂亮的话，我讲几个超萌的词；你展示最近吃了什么，我抖抖最近买了什么。甚至还有一些人为了找存在感，什么求安慰、求偶遇、求陪同，完全是一种无病呻吟，矫揉造作。结果，你就被这个圈子缠住了，你不知道这个圈子里边所包裹的是一个永远不可重复的高贵的生命。那么，如何经营一个有内涵的微信朋友圈呢？首先在量上，一天发一两条信息就够了，发多了显得你很空，完全是一种无聊空虚的病态。

其次，内容上要贴近生活，与工作相关，反映自己的成长历程，充满爱的人文关怀。传递的是一种积极向上的正能量，不是为了满足自己的虚荣心，臭显摆，去秀一些东西。我们不反对发衣服、美食之类的，最好是表达一种爱的主题。除此之外，以原创为主，偶尔也可以转发一些内容，以图文结合的形式，一百字以内，更直观。这样，慢慢建立有魅力的个人品牌，培养有内涵的个性特质——令人愉悦和欣赏的人，会拥有更多的关系资源，周围的朋友也愿意同你亲近。

职场中的你我，只有多看专业书，打造有内涵的朋友圈，不断提升自己，赢得别人尊重，才能事业有成。你的点滴进步，朋友圈里有表现，当然会得到别人的“赞”。

你会参加公司的业余活动吗

生命在于运动，联络在于活动。活动活动，越活越动；不活不动，前途空洞。公司的业余活动，虽然业余，但绝不多余，涵盖了众多信息。你参加了可能没好处，但不参加一定有坏处。

中秋节前夕，A公司要举行一次团队建设活动，各部门也相应作了准备。销售部把要参加的员工名单报了上去，波波是名销售员，他的名字也在其中。

活动前一天，波波突然请假不能参加活动了，原因是女朋友跟他闹别扭，很严重，要吹了，得赶紧补救。虽然大家有些遗憾，但还是原谅了他。

不久，部门聚餐，约好了周末见，地点也早就确定并通知了大家。结果快下班时，波波又要请假推辞，说是要利用周末搬家，工人都已找好，不能更改。结果，那天全公司的人都到了，偏偏又只少了他一人。

又有一次，公司晚间要搞个派对，要求全员参加。但到时间一点名，又少了销售部的波波。据销售部领导说，波波这回是家里来了朋友，多年未见，得陪，所以请假了。

因为波波这样一来二去，几次没能参加公司的业余活动，后来，再有此类活动公司也不再考虑安排他做什么了。久而久之，一说集体活动，几乎没见过波波的身影了。不参加集体活动也就罢了，渐渐地，全公司的人都发现：波波的精神状态也不好，做事容易掉队，工作配合中、团队合作中总是有些格格不入，业绩也差。半年后，波波离开了A公司。

在我们的身边，像A公司这样，逢节假日前后或一些重要事情的节点上安排团队建设活动，也不在少数。大部分员工一听说有活动，都来劲儿，彼此凑在一起，平时工作忙时没机会说的话，这会儿有了。尤其是年轻人在一起天南地北地聊天，气氛融洽，心情愉悦。公司刚好借这样的机会，给整天紧张工作的员工一个放松的时间。而在我们的团队中，似乎总有像波波这样的情况，一次缺席，两次缺席……可能他有各种原因，但无论如何，他都失去了与大家聚餐谈天、沟通感情的机会。或许有人会认为，只要把工作做好就行，这种活动和工作关系不大，自己也不合群，参加也没什么意义，忙不完的事情搞得人头都大了，能不参加就不参加了。确实，业余活动跟工作没直接关系，看似不过一种福利、一次聚会罢了，不参加也不会扣工资。但是，这类活动的关键点在于，你参加了说不上有多少意义，而如果你不参加就会失去意义。

看似简单的团队建设活动，却包含了很多潜在的信息，聊天中会有大家的业务心得，会有市场、区域、顾客的特点与现状分享，会有部门、团队之间的工作对接……你若没参与，怎么可能会有这些认知和体验呢？而且，你可能会被大家排除在圈子之外，去的人会认为你是另类，会把这种认知过渡到工作上。当你一旦工作需要协同时，可能就会不能得到相应的帮助。你也会对公司、同事越来越陌生，渐行渐远，久而久之，势必制约你的发展。

公司每举办一次活动，都是有目的和作用的。花费人力、物力、财力，各种资源的调动，都需要时间与精力的付出，绝非为了玩那么简单。平时工作的过程中，大家可能会遇到各种困难与问题，借着活动中的培训、游戏，增强了彼此的意志和合作精神，提升默契度。同时，户外的观光拓展也是一种开阔眼界的机会，能丰富自己的人生阅历。活动活动，就是要活、要动，多留个心眼，娱乐活动也是学习的平台。

我们小时候上学做操站队，排队报数点名后，老师还总是一再强调：全班一定全部到齐！为什么？集体主义嘛。职场工作虽说不是在学校了，但公司安排的业余活动还是“一个都不能少”的好。职场上，若经常不参加同事间的业余活动，就容易缺少沟通和情感交流，进而渐渐疏远同事。

综上可见，参加业余活动可能没多大好处；但不参加，一定会有坏处。上班族要积极参加公司的业余活动，思想上不掉队，行动上要积极，多沟通、多交流，这样会更有利于业绩提升，更有利于自身成长。

再忙，也要出去走走

十

走走，锻炼身体；走走，释放压力；走走，开拓视野。磨刀不误砍柴工，走走，是为了更好地投入工作。世界那么大，还解决不了你那点问题？

A总监任职于某广告创意公司，随着事业的发展，自然是各项业务繁忙庞杂，没个消停。尤其是最近，A的团队刚接手一份关于某历史杂志的封面设计，A百思不得其解，一直没能敲定好的方案。A加班加点，吃泡面，睡办公椅，折腾几次，也拿不出个满意的方案来，弄得一干人等整日魂不守舍，形容枯槁，没有头绪。恰逢有个小长假来临，A的好友B突然造访，因许久未见，说是想一起出去旅旅游、散散心。一开始，A还很不情愿，可是，耐不住B的“死磕”，他们决定一起去黄果树瀑布走一遭。

经过一路的跋涉，山山水水、风情人事，尽收眼底，此时A的心情舒畅了不少，偶然间还露出久违的笑容。之前都是听说黄果树瀑布如何壮观，此刻身临其境，果然是百闻不如一见。大小不一的瀑布组成庞大的瀑布群，一帘帘素娟，如鲛绡万幅，宽窄各异，高低错落，飞泻而下，真有“疑似银河落九天”之感。

立于观台之上，近八十米高的水流迎面奔泻而来，A封闭已久的心灵顿时被撞开。正所谓“合抱之木，生于毫末；九层之台，起于垒土”。如此大的落差，非一朝一夕之功而成，千万年的地形、水势变化，才得如此奇妙佳境。偶尔飘散过来的水汽猛地朝A飞砸过来，打湿了衣衫，似乎也溶解了A心中郁结的疙瘩。想想大自然是如此，世间万物的消长又何尝不是同样的道理呢！一下子，萦绕心头的那个封面设计迎刃而解，岂不就是个“时间”问题？我们常说的历史长河，不就是述说在时间维度上的众多人与事？“一个背影，一个时空隧道的模型，渐行渐远的感觉”，A心里默默思量着，设计灵感跃然纸上。想到这里，他顿觉豁然开朗，压抑已久的身心犹如醍醐灌顶般瞬间“悟”了。

旅行归来后，A非但不累，反倒感觉身心从没有过的通透，头脑异常清醒。在来上班的头一天，他即向总经理提出了自己新的创意思路。

再忙，也要出去走走——走走，锻炼身体。如今人们办公都是足不出户，一台电脑、一部手机就可轻松搞定。出门汽车接送，上下楼电梯传送，夏有空调，冬有暖气，能出汗、能走路都变成了一种时尚和奢侈。加之，很多年轻的职场人士作息时间不规律，久坐、少运动，逐渐患上颈椎病、腰肌劳损。长此下来，身体被掏空，趋于“亚健康”状态。此刻，登山览胜，蹚河涉水，一路一行程，一步一脚印，疏松了筋骨，活动了血脉，整个人都清爽了不少。

再忙，也要出去走走——走走，释放压力。在上文案例中，A和大部分的职场人士一样，平时工作缠身，各种指标、绩效考核，为的是房子、车子以及更多的票子，自然会很累。身心长期郁结不得释怀，继而产生困惑和迷茫。成天面对的只是高楼大厦，硬邦邦的水泥马路，灯红酒绿的城市躁动，难得有一个静谧的处所，亲近自然，感受泥土的气息，让自己的身心来一次彻头彻尾的放松。这个时候，出去走走，观赏游玩一下，面朝大海，仰望天空，俯瞰大地，心胸会豁然开朗，觉得内心力量感爆棚——正是因为吸纳了自然能量，释放了内心的垃圾。整个人的精神气质、气场就不一样了，放松心情重头来，乌云散去是晴天。

再忙，也要出去走走——走走，开阔视野。古人云：读万卷书，行万里路。每一次的出行都是对一个新世界的向往与期待。所到之处，看以前没有看过的东西，吃以前没有吃过的食物，听以前没有听过的故事，赏以前没有赏过的景观。比如，去杭州看一场《宋城千古情》，你会震惊于绝妙的舞台艺术；

去西安吃一碗羊肉泡馍，体验肥而不腻的味蕾冲击；去敦煌莫高窟抚摸岁月的痕迹，一幅幅壁画诉说着无数历史沧桑；去泰山观云海日出，不觉令人唏嘘“一览众山小”的壮观。俗话说“一方水土养一方人”，每个地方的风土人情皆风格迥异，有趣有料的事情必定很多，想想都让人陶醉。南方人有南方人的柔美、温婉，北方人有北方人的豪放、率真，认识些各地的新朋友也是不错的选择。走得多了，看得多了，领教的也就多了，“识”自然就广了，视野也就开阔了。

再忙，也要出去走走——走走，催生灵感。唐代诗人刘禹锡在遭贬谪后，郁郁不得志，一路游历回洛阳，期间有感自然物象，唱出：沉舟侧畔千帆过，病树前头万木春。细微的观察、思考，引申出富于哲理的诗句，令人脑洞大开。正如案例中的A，闭门苦想，效果并不佳；游历一遭后，灵光乍现，个中缘由值得深思。

总而言之，职场中人，即使再忙，为了更好地工作，一定要出去走走。世界那么大，我们也该去看看！

职场“颜值”让你增值

“颜值”不仅是指天生的胚子和外表的皮囊，更是指气质及其散发的个人魅力。

A公司的主要业务是销售，销售队伍是由一支年轻的业务精英组成。一次，在季度评比的关键时期，大家都卯足干劲一拼高下，业绩一直是你追我赶，难分伯仲。

男销售员皮特来自北方，对业务很熟悉，成绩也不差，只是平时不怎么讲究，衣着随便，不修边幅，还有抽烟的习惯。最近，他遇到一个大客户，属于特讲究的那种，虽然也有购买意愿，只是言谈之间不屑皮特的衣着与谈吐，心中难免有些顾虑，致使皮特与该客户商谈数次无果。

眼看评比的最后日期快要到了，为尽快搞定此单，皮特诚恳地求助于领导。

销售部经理出于部门整体利益考虑，找到“漂亮销售”

莎莎。莎莎人长得俊美水灵，活泼庄秀，打扮得体，全身透露出干练的职场范儿。一段协调之后，经理让莎莎调整战术，注意策略，代皮特去和客户谈谈看。果然不出所料，那位客户被莎莎活泼的个性、诚恳敬业的态度、翔实的解说折服，最终这笔大单也顺利谈妥了。

评比活动落幕了，皮特和莎莎所在部门摘得桂冠，而“颜值爆表”的莎莎也因为那笔大单获得“最佳销售员”称号。可怜的皮特只能暗自神伤，他也吸取教训，开始整饬外表，改变形象，大有旧貌换新颜之态。事实上，从该公司的业绩排行榜来看，靠前的几名员工多数也是公司的“颜值”型业务员。

“颜值”是一个时尚的网络词汇，乍一看，跟工作好像没什么关系。其实不然，拥有好的“颜值”，人家愿意跟你交流，愿意多说两句话，感觉跟这样的人打交道是一种享受。你也就在机会上胜人一筹，无形之中获得了职场加分。

上文案例中的皮特，自以为男人就该随意、粗犷些，不注重衣着等外在形象。不巧，他遇到挑剔的客户，久战不下，影响业绩。在弄明白客户原来是对皮特的外在衣着、谈吐心存芥蒂之后，销售部经理调换了本公司“颜值爆表”的莎莎上阵，一招见效，顺利成交。这就是说，该笔业务成不成交的关键因素是销售员莎莎的“颜值”，是前后完全不同的“颜值”公关直接影响着业务的成败。可能有人会说，“颜值”这玩意儿多半是从娘胎里带出来的。难道天生长相一般，就做不成业务了吗？当然不是。人们常说：三分长相，七分打扮。也就是说后天的打扮占七分，远大于天生三分的“自然长相”。长得不好，最简单的，勤能补拙，在细节上严格要求自己，通过“修补颜值”让你获得加分。比如，衣着干净点、手脚勤快点、习惯再得体点等，都是“颜值”范畴，同样让你散发迷人的光彩。如果一个人能力平平，长相平平，又不肯努力，一件衣服穿半年，一双鞋子穿八个月，头发也不理。这样没有一点精气神，看着就让人生厌，还怎么谈业务？

职场中不应该因陋就简，得过且过，包括你的服装要得体，要舍得投资，愿意花时间，仔仔细细做好每个环节。一个勤奋、努力的人，时刻焕发出朝气蓬勃的魅力，自然会让“颜值”一路飙升。所以，长得丑不要紧，没有“颜值”却是你的错。外秀的同时，还要注重内在气质的提升，那种由内而外的精神焕发，更能表现职场人士丰富的内涵，也会给客户留下很好的深刻印象。有些人，父母给了自己一个好坯子，却只能是个花瓶：漂亮是漂亮，但不耐看，多瞅几眼就没意思了。也有些人，即使长相不怎么样，甚至有缺陷，依然散发独特的魅力，可谓英气逼人。这样的人，有能力、有魄力、有智慧，举手投足间给人以吸引力。与他们交流起来，有岁月的积淀，有才学的熏陶，有品性的高雅，是一种享受，无形之中带给人快乐。所以，作为职场人士，在专业知识和为人处事上丰富自己，会让“颜值”再上一个台阶，这样的内秀也来得更务实、长久。

俗话说，“一俊遮百丑”。工作中，如果你有一项很好的长处，尽量发挥极致，展现你与众不同的风格。这样一来，你的职场加分也会不少，成功已在向你招手了。所以，职场上要注重细节，提升气质，突出长处，勤能补拙，日积月累地提高“颜值”，让“颜值”的灯塔照亮职场的成功之路。

职场需要“装”

十

爱美之心人皆有之，服装虽为私事，但不是率性而为。装不是装模作样，而是指着装。穿得适时，穿得适地，穿得合身，方能彰显个人气质。

每年毕业季，数以万计的大学生奔向人才市场，挤破了脑袋想求得一份理想工作。欧阳也是这滚滚人潮中的一个，他毕业于某知名学府，就专业能力与知识来说，都是过硬的。

经过一番搜寻和数不清的简历投递，欧阳终于约好一家金融公司准备面试。这天，他早早起床，收拾停当，把考官有可能问到的试题都过了一遍，可谓“万事俱备，只欠东风”。也许是刚毕业，欧阳言谈举止间还有些青涩与紧张，但他鼓足了勇气，抱定必胜的信心。虽然中间有些小插曲，最终还是没有卡壳，他顺利完成了面试的各项要求。在座的主考官们也一致认为欧阳表现得不错，人也机灵、聪明。可是，公关部经理提出了异议，就是欧阳的着装不符合职场职业规范。“一件白T恤，下面深蓝色的牛仔裤，穿着白色跑鞋”，俨然一身休闲打扮。看上去白白嫩嫩的，却不符合金融人员应有的精明干练。出于对新人的照顾，一番协调后，该公司还是勉强录用了欧阳。

上班的第一天，欧阳又是嘻哈式打扮，急急忙忙就准备出门了。同寝室的舍友见状，半开玩笑地说：“欧阳，你是不是得换换行头，感觉不太合适啊。”欧阳不以为然：“何必装模作样呢？穿得干净就好了，哥就是挡不住的帅气。”于是，他就这样出门了，等到晚上的新员工宴会上，欧阳就彻底傻眼了。众人皆是西装、皮鞋式的打扮，大气庄重；唯独欧阳一人“与众不同”，与周围的人群格格不入。那顿饭吃得欧阳如坐针毡，别扭如小媳妇……

“佛要金装，人要衣装”。爱美之心人皆有之，穿什么样的衣服是有讲究的。在上文的案例中，欧阳的不屑于“装”，我行我素，导致他无所谓职场着装，差点没有通过面试，饭也吃得一塌糊涂，不开心。现在跟欧阳一样的年轻人还真不少，他们穿起衣服来只顾随意，率性而为。自以为又不是在部队，有纪律要求，须得整齐划一，穿衣服是个人私事，不影响工作就行，管我穿什么。特别是一些年轻人，不管是在家、在公司，还是出门约会，休闲衣服穿惯了，一套服装打遍天下。反正就是：我穿衣我做主。话虽如此，但职场是商务场合，可不比在家里。在家的话，你想怎么穿就怎么穿，爱穿什么就穿什么，甚至不穿都可以。职场服装事关礼仪修养，就不是个人私事了，由不得你的性子来。

作为职场人士，在商务活动、工作交流中，服装之事绝非小事，需要分门别类待之。首先，穿得干净、整洁是必需的。现代条件下，洗衣粉、洗衣液、肥皂什么的，自然不会缺，也没人说用不起吧。所以，平时勤快些，该洗的及时清洗，不要藏污纳垢，做一个帅哥、美女。美的东西，多看一下，还养眼。倘若整日一副邋遢、不修边幅的模样，怎么能得到对方的青睐？看着都倒胃口。其次，职场服装需要得体。什么场合就穿什么服装——朋友聚会、娱乐放松时，就可以穿得休闲些，容易放得开，也不会感觉拘束。商务谈判、工作宴会时，就得穿得正式点，给人以精明干练的感觉。欧阳就是在工作的正式场合一身休闲服装亮相，给人就是玩的感觉，搞得不愉快。当然，正式场合的服装也要依情况而定，该穿礼服的穿礼服，该穿正装的穿正装。什么身份就穿什么服装——在一些正式的场合中，身份、职位不同的人，穿着也不一样。简单地说，一场宴会，有主人、贵宾、普通宾客，彼此的着装就不太一样。如果是下级盖过上级，逞一时之快，喧宾夺主，回头你不被“穿小鞋”

才怪！同样的，行政人员不要穿成嘻哈风，娱乐人员也不要穿成严肃型。再次，职场服装需要合身。想象一下，一个胖子穿紧身衣，网住的都是肉；一个瘦子穿加肥衣，披上的是袈裟。这种穿着肯定是不好的，没给你加分，还给你减分，让人大跌眼镜。选择适合自己身高、体重的服装，穿起来饱满舒适，彰显个人气质，穿出品味，穿出风格。最后一点，就是不提倡职场新人一味追求奢侈品牌，不过也要有讲究，显时尚。一方面要舍得投入，给自己定制几套不同功能的配套服装，未必很贵，但一定要拿得出手。如果不分青红皂白，认为贵的就好，盲目跟风，超出经济能力范围，就会被拖死在服装上。相反，图便宜，省小钱，弄来一堆毛毛糙糙的服装，穿在身上，过不了几天就起球，损坏的却是你的整个形象，丢掉的是大钱。另一方面，服装的款式也很重要。从布料到品牌都需要符合自身个性，才能相得益彰。它代表的是时代的前沿，时新的服装穿出时新的你。可以通过网络、实体大商场等渠道，挑选自己想要的又符合时代的款式，再通过实惠的方式购买。职场服装有差别，只要做好这些，就能以不变应万变。很多人可能会觉得，这样太折腾，又麻烦，不习惯。其实，“装”久了也就习惯了。

不管是臭美也好，装模作样也罢，职场中就是需要“装”。塑造完美、得体的职业形象，对职场人士的前途来说至关重要。记住：你的形象价值百万。

职场语言要跟得上时代

十

流行的东西不一定好，比如流感。但是，流行语却是时代的烙印，你不理它，它还在；你若不变，它依旧在变。

某汽车销售公司正在搞一个销售竞赛活动，成绩最好的两个人一直咬得很紧。首先是区域经理陈强，人届中年，有着丰富的销售经验和客户资源，业绩自然一马当先，很多人都认为他会优胜夺冠。紧跟其后的是年轻机灵的梅芯，是公司的前沿风标，也是“网络语言交际专家”。正当此次销售竞赛活动进入关键的收尾期，来了一拨儿年轻的新客户，要咨询买车。刚好赶在陈强经理的档口上，于是由他接待了他们。一见面，还没聊几句，陈强就觉得难以适应。这些青年，说起话来中英文混杂，似正非邪，动不动就来点“不要不要的，你懂的，‘宝宝’心里苦”等网络新词。搞得陈强经理懵懵懂懂，跟他们完全不在一个频道上，很难与这批客户沟通，只能勉强应付。慢慢地，对方觉得陈强太无趣，交流起来有些困难，就不再谈车子的事了，甚至有几个已在催促要告辞了。紧急关头，销售总监决定让梅芯来与这批青年客户对接。被动之下，梅芯先同大家聊聊新“网红”“papi酱”之类的话题，成功勾起了众人的兴趣。趁着势头，梅芯接着介绍本次推出的车系是最棒的，据说某明星也曾拥有一辆同款。不一会儿，交流气氛开始融洽起来。梅芯又告诉大家，公司还利用微信公众平台为客户提供很多的服务咨询项目。“主要看气质，你懂的”，梅芯说。有个客户露出了怀疑的微笑。梅芯灵机一动说：“帅哥们，美女们，好产品，好服务，当然要留给最好的‘宝宝’。”于是，有两个人提议试驾。梅芯也不失时机地坐在副驾驶的位置上，举手投足间落落大方。在轻松的聊天氛围中，她再次告诉新客户：这款车子的确是专为他们这些时尚人士准备的。他们一阵商议后，随即刷卡办保险，一次购买了三辆车。最终，梅芯的销售业绩超过区域经理陈强，夺得本次销售冠军。

时代变了，语言也变了，每个时代的流行语都有它独特的时代背景。最简单的，以前我们称呼对方“同志”，在当时是时髦的词汇，现在却被“帅哥”、“美女”之类的称呼代替。

上文案例中的区域经理陈强，虽然在工作经验上占优势，开始业绩也领先。尔后，当他遇到一群年轻的客户时，却因其语言陈旧，难以同大家同频交流，不被对方接受，差点导致客户流失。幸好年轻的梅芯出面，投客户所好，用她新奇的网络语言和灵活的策略，迅速抓住客户心理，步步推进，得到对方的好感与认可，在轻松愉快的环境下顺利成交。梅芯与这些新客户年龄相仿，有着共同的语言好恶，所以，一拍即合，更能得到认同感。而陈强固守在自己的时代语言上，跟不上步伐，也就没有了共同的话题。

流行语是时代的风向标。因此，语言上的进步，是为了追逐时代的步伐，获取一种时新的生命力，让自己拥有时代的气息与活力。一味地守着过去，语言不发展，久而久之会脱离时代，闭目塞听，最终只能被淘汰。学会兼收并蓄，在时代的语言中凸显个人魅力，才会让我们更具时代感。

我们常说“相由心生”，是一种由内而外的精神气质展现。同样的，言由心生，语言也代表了一种心态，字里行间透露的是个人的正能量。我们一直提倡八十岁的年龄十八岁的心态，就是期冀永葆青春活力。倘若张口闭口尽是某某同志、某某师傅，给人以老气横秋之感，缺乏活力，久而久之，人都蔫儿了，还有什么意思呢？

人与人之间，包括职场中，交流都是从语言开始的，流行的语言更具吸引力。我们强调语言跟进时代，是为了跟进时代的发展方向。在商务谈判、课程教授中，掺杂些时代语言，谈笑风生间，更能拉近彼此的距离，更具交流感。案例中梅芯同一众年轻客户聊得来，就是这个道理。适时适地渗入时代语言，让对方愿意去听，听得起劲而不瞌睡，才有意思，才有助于我们的工作。

现实的工作中，会有一些年龄大的人，跟年轻的一代脱轨，聊不到一块儿，没共同话题。其实，不妨也来点幽默诙谐的时代语言，大家同样可以海天胡地地聊起来。像什么“帅哥美女、脑洞大开、洪荒之力”等，聊起来更有意思，也释放激情与活力。

职场语言要跟得上时代，才能站在时代的前沿，俯瞰时代。

将经历变成人生沉淀

十

看过，吃过，玩过，做过，过后无声，不留痕迹，等于白过。经历不光是过一过，还要过得有价值、有收获，沉淀之后才有结果。

克里二十多岁，在一家公司下属的企业做学徒。小伙子虽不善言谈，但聪明好学。同一个工厂的千石是个中年人，每天的工作就是在车间生产线上重复三个动作：接零件，拧螺丝，送工件。这三个动作，他已做了十年。

由于克里手脚勤快，做事既快又好，第二年开始做了师傅，也带起了徒弟。克里还把怎样教徒弟、每次生产效果的好坏等都及时记录下来，并形成了一套生产教科书。而千石还是三个动作，没有变化。

又过一年，因克里的车间主任出了车祸，他成功补缺做了新的车间主任。克里发现，原来的老主任遭遇车祸的原因，就是根本不注意安全。正因如此，车间里也是一样，处处存在安全隐患，所幸还没出现大的安全事故，必须抓紧补救。于是，克里着手制订了一套行之有效的安全生产规程，并坚持落到实处，确保了“安全生产无事故”。这中间，克里曾就安全事宜去找千石询问，但千石说：我只会拧螺丝，不知道机器会伤到人，更不知道其他什么危险。

因为克里的安全生产方法给企业节约了大量成本，带来了更高经济效益，在企业中的影响日甚一日。克里担任车间主任的第二年，就被破格提拔为公司副总经理，主抓安全生产。就在这时，车间传来消息——千石的手被机器划了道口子，鲜血直流。当克里赶到时，千石正捂着流血的伤口。看到新副总经理来了，千石感激地说：谢谢副总经理，是公司安全措施改进了，不然，我的手就保不住了。

望着眼前这些，克里心中已有了下一步的打算：整理一套企业安全与生产的良性循环系统教程，帮助更多企业与员工走出误区，走上健康发展的道路。

在上文案例中，年轻的克里在短短几年内从员工干到副总经理，实现了职场人生的跨越式发展。他在实际的工作中，把做过的事情进行总结提炼，并形成行之有效的方法进行推广，让企业获益；同时，也让自己获益。而同一公司的千石，做同样的工作，只是像机器一样，简单重复，日复一日，年复一年，碌碌无为。按理说，千石按时完成任务，没有调皮捣蛋，不可谓不勤快，算得上是好员工，可成不了优秀的职场达人。原因就在于千石这种人没有把宝贵的工作经历变成沉淀。

很多职场人士在工作中只会做，在他们的概念中，把事情做完，就算任务结束。只埋头拉车，却不知抬头看路，不问成败的原因，不去思考整个事情的来龙去脉，没有总结与概括，就如同案例中的千石。正因为缺少这种意识，缺少这样的习惯，导致工作浮于表面，没有对工作的本质认识。同样是做销售的，有的人把每天工作的客户做数据化、技巧化的记录：拜访的客户数，实际成交的客户数；都有哪些年龄段的客户，有什么性格特征；客户会提哪些问题，要怎么回答；没有成交的原因是什么，下次要注意什么……对这一系列的情况进行归纳分析，形成系统的经验、方法，在脑袋里留下一本书般的印象。等到下一次自然轻车熟路，也会做得好上加好，这样的人也会得到重用，升职、加薪是自然而然的事情，就如同案例中的克里。而对于业绩一般的人来说，销售只是让对方买单，只关注到成交的单数，却不思考背后的问题。结果只能是稀里糊涂地工作，疲于奔命，看上去很努力、很用心，成效却并不大。因此，要将自己的经历变成沉淀，就要对它进行总结概括，包括流程、经验、心得、体会等，最终形成自己的东西。如此沉淀下来的，才经得起岁月的检验。

将工作经历变成人生沉淀，还要把这种沉淀系统化、标准化，提炼成普遍适应的“套路”。不光是自己可以用，还可以被无限复制，推广到更大的群体中去。这样一来，就可以产生强大的能量，1不再是1，可以裂变为2、4、8……呈几何形式递增。这个时候，你的经验让别人减少了探索的时间，被他人所信奉，你就成了师傅。你也不再是一个人在干，而是带着一群人干，你的价值就被无限放大，地位自然就高了。比如，在一个公司里，不仅把事情做好；而且，你把工作中的事情都进行系统化、标准化的总结，形成一个完整、有效的方法体系。即使你离职后，这套规则依然被使用，公司还是按照这套方法去运作。这才是你给公司留下的沉淀，给自己留下的沉淀，也是职业经理人的职业价值所在。

将工作经历变成人生沉淀，就要反对那些在职场上漂浮、任性、混日子的员工：事情做过了，但没有留下沉淀，做过就算了。经历只代表你曾经做过，甚至重复做而已。只有把自己有价值的经历不断沉淀，提升职业技能，拔高人生境界，把正能量传送给更多的人，最终才会后来居上，捷足先登。

第四章

人再漂亮，活儿还得干

长得漂亮是资本，但也不能老摆姿势。劳动创造美，好的生活是干出来的。天生丽质难自弃，再多干一点儿，岂不让青春更加靓丽？

姿本不是资本，
姿本也不是知本，
撸起袖子加油干，
才是硬道理。

好结果是熬出来的

熬那些很苦的日子，一点都不难，因为知道它会变好。更让人佩服的是，明知道生活一点不会变，还坚持几十年照常过。

A在一家公司工作了近三年，一直是部门经理，跟顶头上司副总经理B相处得也好，他们之间的工作很协调，也很愉快。A是B仅有的几名得力干将之一，自然也是公司的核心骨干。这些年，公司一直在飞速前进，形势很好。各种情况表明：公司正在做更大跨越前的铺垫工作。

三年来，A的工作也得到了公司各方面的认可，但晋升的时机一直没到。他甚至感觉在这家公司无望了，因为顶头上司B是董事长的心腹，自己不可能取代他。这样的话，自己岂不是永远没出头之日了？

感觉很苦恼的A也曾跟B进行过沟通，但问题还是没有得到解决。其实，B 早就知道，公司计划是要他去新公司任职，之后由 A 来接替他。但是，就是想再磨磨 A 的性子，再深度试探一下，因而就没告知 A。但 A 沉不住气，三次向公司提出离职，说已找到了一份离家近的工作。公司再三地挽留他，无奈 A 去意已决，公司只好放人。

为了工作正常运转，公司考虑到 A 的副手 C 在本公司已干了两年多，各方面也很成熟，遂把他提拔为部门经理，接替了 A。刚上任的 C 意气风发，工作别开生面，干得竟然比 A 还好。

半年后，总公司宣布：一个筹备很久的新公司投建成功，由副总经理 B 去任总经理。出于人事考虑，接着就将 C 晋升为副总经理，接替了 B 的职位。这样，原来 A 的下属在短短半年内连升两级，直至做到公司副总经理的位置。

这段时间，辞职的 A 在外面混得也不如人意，又离了一次职。看到原公司经过前几年的积累，目前已发展很好，形势喜人。再看到自己早年的努力拱手让人，很是后悔：为什么自己不多耐些性子，多等等啊！

上述这个故事说明：在职场，即便你有本事，位子未必就是你的。有时候，必须得熬到机会来，才能如愿以偿。

A 在公司已经历练了三年，有很好的技术，还有很健康的关系圈，工作应该很愉快。但他考虑公司副总经理 B 在他上面占据了升职的空间，而 B 又是董事长的好友。A 自感绝望，遂辞职离开了工作多年的公司。可是，A 哪里知道，他前脚刚走，总公司接下来就投建了一家新公司，副总经理 B 升任去做了总经理。公司在挑选人员替补副总经理的职务时，发现并无合适人选，只能把技术好、业务熟、刚刚接替部门经理半年的 C 再次提拔。就这样，并无多大名气的 C 被选拔上来，先是接替 A，之后很快，再接替 B 做了公司副总经理。就是因为 A 不能继续等待，关键时刻离开，客观上给 C 造成了绝对的利好机会，无意中成全 C 在半年内的“两级跳”。

俗话说：多年的媳妇熬成婆。是说已经当了媳妇，好好过日子，生个儿子出来，再娶个儿媳妇，那自己不就当了婆婆吗？而如果媳妇不安分，中途走人了，那就别想做婆婆了。道理很简单，遗憾的是很多人却明知故犯、重蹈覆辙。把 A 与 C 放在一起对比，不禁令人唏嘘感叹。坚持到底就是胜利，多少的量变积累已有成效，眼看就要产生质变，晋升副总经理了，但却失之交臂，估计 A 的肠子都要悔青了。

很多人会说，A 的耐不住寂寞成全了 C，让他捡了个大便宜。认真分析一下，也不完全是这样。A 离职后，C 干得风生水起，说明他的能力不比 A 差。不比 A 差的人，居然在 A 下面默默地干了两年，说明人家是在耐着性子等待机会，蓄势待发，A 与 C 比起来就相形见绌了。这不是捡了大便宜，这是有备而来，功夫不负有心人，人家在那里已经候了两年了。这就如同一场战斗，参加战斗的一个团，如果营长阵亡，连长就要往上顶，接替营长继续战斗。而战役胜利，团长升任旅长走了，那营长也极可能再接任团长。事情不同，但道理相通。

“以人为鉴，可以明得失”。A 用自身的事例给我们做了一个反面的警醒。的确，职场上，年轻人能熬才是王道，好结果都是熬出来的。

专注比专业更重要

十

放大镜在太阳底下能把火柴燃烧起来，就在于聚焦。专注就是聚焦，同样可以把陌生领域的事物燃爆，让你成为行业的精英。有专注，必专业，哪个重要？

正处于蓬勃发展的A公司业务摊子越来越大，各方面都快马加鞭，节奏快，事务多，一片繁忙。现任销售经理是科班出身，还是名校毕业，据说又拿到了硕士学历。来公司三个月后，正赶上公司业务上升期。出于工作业务开展的需要，他打报告给公司要新招业务人员进来。

公司人力资源部从人才市场找到一位只有专科学历的P。一开始，“科班经理”还不愿意要，原因是P学历低，专业还不对口，怀疑P做不好事情，就没给P分配工作，又退回给人力资源部，让再重新招聘。后来，人力资源部领导好说歹说，说P这个人很务实，也很想做咱们公司的业务员，工作热情高，看来态度很端正，等等。最后，P

勉强算是通过了，“科班经理”答应让P在新设的业务部里做业务，但业绩不行的话，立即走人。P很快被分到新设的销售团队里，像其他的老员工一样，做起销售。

一上班，大家发现P与别人明显不同，他虽然没有高学历，但表现积极，干什么学什么，学什么像什么，整整记满了十多本的笔记和数据记录就是明证。同时，P几乎把他的全部业余时间投入到业务上。这样一来，因为P把所有心思都投入到工作上，不久就非常熟悉市场销售业务了。不仅如此，P还会在销售的具体细节上，甚至跟踪产品到人，乃至收到使用者的反馈。专注到每一个细节，不留任何死角或空白。这样，经他销售产品的客户就成为了他的朋友，并与他经常保持良好的关系。后来，公司又推出新产品时，因P的老客户较多，成交量也就多，再加上新客户的数量，自然，他销售的产品数量就最多。

半年来，P的业绩一直位居榜首，而“科班经理”所带的团队业绩却不怎么样，只有P是一枝独秀。

从此，P的业绩一直位居公司前茅。很多客户再购买产品时，就是冲着P来的。除了摸爬滚打历练出来的销售才能之外，P还表现出相当的领导才能。

一年后，A公司再次召开董事会议时，一致通过：辞退“科班经理”，让P取而代之。

A公司上下都说，是“空有专业，夸夸其谈”毁了前任经理，是“专心专注，实绩说话”成就了现在的P。

我们通常说的“专业”，一般是说某人学这个，干这个，靠这个吃饭，俗称“饭碗”。但有的却未必真专业，很可能是“所谓的专业”——华而不实，就如同上文故事中的“科班经理”。他虽然学的是营销，也从事营销工作，却没有把东西吃透，只停留在概念上，做事浮于表面，干了十年，可能还不如人家干一年。

“专注”与“专业”相比，一字之差，却天壤之别。“专”表专心、钻研，“注”表关注、注意力。“专注”就是把注意力全放在某一件事情上。在上文案例中，P很普通，学历不高，还没一技之长，但他全身心投入到工作中，短短半年时间，完成了从一个门外汉到精通销售业务的蜕变。本来不专业的，通过专注，达到了真正的专业。

专注就是投入。P除了睡觉，脑子里都是想着工作，甚至做梦都是工作。别人都休息或游玩去了，但他仍然在做单。别人早已进入梦乡，他还是在做单。正是这番投入，用滴水穿石的积累，才有了这份产出。周星驰曾说过：我相信要做好一件事情，专注和投入是首要条件。就像我，我喜欢演戏，就全力投入。我相信穷尽我一生的精力和时间，一定可以把演戏这事做好。就因为这样，一个跑龙套的成为了著名影星。

专注就是着迷。很多成功者之所以取得成功，就是因为他们对事情的专注到了疯狂的程度，他们把工作融入生命。在他们眼里，工作不是任务，更不是痛苦，而是享受，他们把自己所做的每一件事情当成作品。这样的投入，这样的着迷，还有做不成的事情吗？把事情做成这样了，还能不专业吗？

下属的工作质量决定领导的工作效率

十

动车跑得快，并非全靠车头带；火箭能飞高，必须下面燃料烧。公司的健康发展需要无数良性细胞的小循环，领导的高效率来源于下属的优质工作。

A在一家公司负责销售工作。

一次，总经理交给A一个任务：针对国庆黄金周，写一份关于市场营销方案。A的速度很快，第二天便搞了出来，呈送到总经理面前，还特意叮嘱：方案写好了，您签批吧。总经理翻了翻，往桌子上一放，然后平淡地说：好的，先放这里吧，我再看看。之后，又有一次，也是撰写方案，A同样做得很快，结果也得到总经理几乎同样的回答，往桌子上一放，淹没在一大堆的文件之中，石沉大海。接连的几个方案命运都如此，没有被批复。期间，A还多次催问，但总经理还是那句老话：先放这里吧。A就有些不理解，私下跟同事抱怨：咱们领导要求我们工作高效率，但他自己却这么拖沓，几个方案早给他了，也不签字，到时候耽误了事情怪谁呢——只能怪领导，签个字有那么麻烦吗？也就需要几分钟的事，不想做就痛快给句话，省得让人惦记，多难受。一个总经理，我们天天去催也怪不好意思的。

不久，和A同一部门的B也接到了撰写营销方案的任务，递交后，总经理略加修改，便快速地签批了。执行后，给公司带来了可观的效益，B也因此得到了公司的嘉奖。

A越发纳闷。

在一次活动中，A和总经理的秘书分到一组，借这个机会，A私下问她：为什么几次方案都没批复？总经理的秘书告诉A：你的方案做得快，但过于粗糙，很多地方考虑不够周全，小到用词、标点，中到方案本身的严谨性，大到方案的可行性都存在问题。当初，总经理是想改动的，但因为拿起笔来不知从何下手。所以，就一直放在那里，结果不了了之。而B的方案，因为考虑得很周全，总经理不用怎么改，最多就稍改一下，做下提醒，就通过了。A这才恍然大悟：原来不是总经理办事拖沓，而是自己的方案设计得过于粗劣，造成了领导迟迟无法批复！

在上文案例中，A接到任务，很快就把方案交给领导，还特意叮嘱领导快批，在等待批复的过程中还几次主动催问。从程序上看，A 做得是到位的，滴水不漏。但是，结果呢？领导总是一个答复：先放那里。就是不审批，方案躺在办公桌上睡大觉。从表面上看，领导办事很拖沓。实际上是 A 设计方案的速度很快，但忽略了求精。方案写了不少，但都粗制滥造，领导没法签字。也有人会说，方案有问题，领导为什么不明说，让 A 重写？熟悉工作的人都知道，一个很烂的方案改起来很难，甚至比重新写一个还难。如果三言两语能改的话，领导岂不早就改了？当然，也有人会说，领导可以直接打回啊。团队合作中，领导往往是希望给下属留些颜面的，期待他们能从工作中自行悟出一些道理的。还有就是考虑到 A 的承受能力，如果当场退回，很可能会打击了 A 的信心，造成情绪波动，不但 A 无法认识到问题，反而可能冲击到 A 的日常工作。相比之下，与 A 同部门的 B 设计的方案就比较完备周全，第一时间被采纳使用。事实上，领导最快速度批复采用 B 的方案，就足以说明“领导办事太拖沓”是个伪命题。要知道，如果一个简单的方案要多次来来回回，耗费掉上下级之间的几个工作日，那才是真正的效率低。

作为领导，要签字很容易，最多不就是几个汉字吗？写得快点几秒完成，写得慢点一分钟总能完成。领导也想快，快当然好啊，能在同一时间创造更多财富。但是，签字审批不是用手写几个字这么简单，它意味着责任，下笔就意味着钱或责任。签得好，往左；签不好，往右。千里之堤，溃于蚁穴，一招不慎，大问题很可能使企业轰然倒下，小问题让某个项目亏本。尤其是民营企业，领导把身家性命都寄托在企业上，所有的事情都要他来买单，即使是苦果，也必须吞下，这是结果导向，当然会很谨慎。而职业经理做事情，目的是完成任务，职责履行到位了，绩效工资就会一分不少。至于结果不好，对他没有太大损失，无外乎是少拿点钱。即使公司倒闭，最多就是月薪不要，拍屁股走人。

领导更关心的是有效的工作，而不是快速的工作。你的方案写得很糟糕，即使领导现在快速签字，也会遗留很多隐患，到时处理善后的事情，所花费的时间和精力是加倍的。快速地签字，并没有带来高效率，反而给企业带来灾难。

作为职场人士,应该以领导的心态来思考自己提交的方案。方案到位了,领导自然会很轻松潇洒地签字。提交上去的方案，领导不审批，绝非领导办事拖沓，效率低下，更多的是自己的方案有问题，导致领导没法签字，不敢签字。

通常情况下，下属的工作质量直接影响领导的决策速度；而好领导的高效率工作，则必定是由无数优秀员工高质量的工作助推形成的。

下班是拉开职场差距的最好时间

十

青春做主，职场无敌。年轻人有的是精力，拼的是时间。就怕劲敌已经比你优秀，你却在玩、睡大觉，而他们正埋头苦干。

某公司是一家近千人的中型企业，董事长很重视人才，舍得花钱，引进了不少知名学府的研究生、博士生，甚至还有“海归”，他们的到来，确实给公司技术和管理上带来了不少起色，公司把他们当作宝，他们也因此受到上至董事长、下至普通员工的一致尊敬。后来，公司来了一位普通本科生A。

经过一段时间，大家就发现：A虽说刚入职，可每次开会的发言都不落俗套，实实在在的数据和有条不紊的独到分析，让人刮目相看。即使董事长随机提问，他都能立即说出个一二三来，给出的答案很有见地和条理。与会的老员工和那群高材生开始还不在乎，认为A好出风头，初生牛犊不怕虎，有些回答得不错，很可能是在哪里听人说过。后来，连续半年都这样，他们内心倍感压力和不解，这个“嘴上不长毛”且名不见经传的小伙子，怎么会有这么高的能量？他们猜测：在他背后定有高人指点。恰在大家纳闷时，公司因为业务发展需要，新增了一个事业部，需要一位事业部经理，基于A的表现，董事长钦点由A出任。

在之后的几年里，A的职位几乎是一年一跳，最后成为了公司的副总裁、合伙人，远远地超过了比他先进公司的那群高材生。于是，有些人就私下问A：“为什么我们学历比你高，工作时间比你长，甚至长得也比你好看些，领导却偏偏喜欢听你的，重用你，你有什么秘诀吗？”A淡淡地回答了一句：“哪里有什么秘诀，我只是充分利用下班时间而已！”

原来，A虽生得普通，长得普通，学校普通，学历也普通，但却有股钻劲。每次公司领导安排任务之后，很多同事都在上班时工作，下班就抛之脑后，而A却不同。当别人打开电视时，A在打开电脑；当别人在看真人秀，他在写方案；当别人约会看电影，他在书店与书为伴；当别人在KTV喝酒，他在书桌前泡了一杯清茶；当别人准备睡觉，他还在挑灯夜战。A在这些可以自由支配的时间里，放弃了无休止地疯玩，俯身钻研工作，把工作的每个细节摸透，找到解决问题的系统方法，并且力求极致。就这样，日积月累，A拉开了与他人的职场差距。

在上文案例中，是什么原因让这个没有学历优势，没有经验优势，没有年龄优势，甚至长相也无优势的后来者A脱颖而出呢？答案很简单：充分利用下班时间。

上班时间勤勤恳恳、兢兢业业，那是必须的。但仅仅这样，只能做到优秀，如同上例某公司中的那群名校毕业的高材生或“海归”。在A没有出现前，他们够优秀，也算是鹤立鸡群，只不过是和以前的员工比。如果要卓越，只有花更多的时间把工作做到极致，如同A把业余时间也用来钻研工作，可以超过比自己更优秀的人，让自己更卓越。

如果两人同干一件事情，有人花八个小时，而有人花十六个小时，就算花八个小时的人智商比花十六个小时的人高，但智商再高，只要是在一起干活的，不会高到什么地方去，人家花你两倍的时间，勤能补拙，不胜过你才怪。何况，花十六个小时干事情的人，智商也好，其他条件也好，不会比你差，甚至比你还优秀。你说，人家怎么可能不比你成长得快？最怕的是：你在玩，和你同处一个圈子的人，比你还优秀的人还在工作。

很多人把工作和生活分得很开，工作只是上班的八个小时，下班了就是自己的私人生活时间，还美其名曰：工作是为了生活，不能为了工作不要生活，工作是为了不工作。道理很对，理念很好，作为一种目标可以，作为四五十岁的追求无可厚非，但不要在你年轻的时候实践。不然的话，挥霍青春，消磨时光，你的人生不可能精彩，更不可能出彩。年轻时都不努力，五六十岁才拼命，那时即使有心也无力了，只能徒伤悲。趁着年轻，把年老的活儿干了，不要到了年老的时候，来补干年轻时没有干好的事情，到那时只有悲哀！李嘉诚现在每天还坚持工作十六个小时。如果你比他年轻，财富没他多，智商不如他，你有什么理由说只工作八个小时？

如今职场竞争如此激烈，你只有比竞争对手花更多的时间钻研同一件事情，才有胜出的可能。如果你和你的竞争对手相比，没有其他优势，你别无选择，只有痛下决心，多花时间。虽然是笨办法，却不失为最有效的方法。

如果你本来就有很多优势，请你不要懈怠和大意，因为你的竞争对手只要肯比你多花时间，用不了多久，你的优势荡然无存，你最保险的做法就是：即使你很优秀，也请你多花时间把事情做到极致，再极致。以确保你的优势永存，远远地把竞争对手甩在后面，让他们望其项背，只能追赶，不能超越，这样才能成就卓越的自己。

青年们，趁着年轻的时候，在确保身体健康和一定的娱乐活动的前提下，必须“白天求生存，晚上求发展”！用时间堆出你的成长，用时间堆出你的卓越，这是拉开职场差距和人生差距的“黄金秘诀”。

人家成功真是运气好吗

十

天道酬勤，你所有的用心和努力定能感天动地，为你打开一扇通往成功的大门。如果非要讲运气的话，那也是用心血和汗水浇灌而成的“花枝俏”。

在某公司的销售会上，经理宣布：“本季度以来，前一个月销量最好的是岗，第二个月还是他。这第三个月的第一名也出来了，仍然还是他。因此，本季度的销售冠军的评定结果也出来了——非岗莫属。”一散会，有几个朋友就缠着岗，让他请客吃一顿。于是，岗领着他们到了夜市大排档。年轻人在一起，喝起酒来。几杯下肚，自然地聊到销售上。

一哥们道：“要说咱岗哥就是厉害，三个月三连冠。高！”

另一个接着问：“岗哥，你是当之无愧的销售之王。请问这里面有什么诀窍吗？让俺们也学学，回头销量上来了，也请你客。”

“没什么，只是运气好，运气好。”

又是一番推杯换盏后，几个人分手回去了。

第二天，上班后，公司就有人议论开来：“冠军有什么了不起，想当初，我也得过呀。”另外的人接着说：“就是运气好点罢了，风水轮流转，说不定下月就轮到咱了。”

公司的销售业务在不断扩大，销售部一分为三，岗被提拔为组长，新官上任三把火。他的组员也个个努力，人人拼命，销量一天一个样，一直往上蹿。月底下来，业绩说话。岗的团队荣摘冠军，他因此也被同事誉为“销售王”。当大家向岗道贺时，问他有何秘诀？不想，岗仍是那句话：“运气好，运气好。”有趣的一幕出现了：另外落后的两个组，成绩差，组员们无精打采，一直抱怨说自己遇到的都是难缠的客户，运气差。因此，业绩上不去。

这下，连经理也有些纳闷了：“怎么？好成绩都是撞运气撞来的，闻所未闻。”在领导亲自询问下，岗组长坦言：“我那样说，只不过开个玩笑而已。其实，我丝毫不比别人轻松，甚至比别人更努力。”

经常有人会遇到这种情况，某人付出了，并且成绩很好。可被问及时，人家碍于面子不好说，没办法告诉你，好像也不想把奋斗的历程、遇到的挫折统统兜出来，只好打哈哈敷衍一下，用很隐讳的“运气好”这些词语来解释，搪塞场面而已。案例中岗的“运气好”谜团，直到最后领导关注此事时才揭开谜底，大家恍然大悟：原来“运气好，运气好”就是“努力，再努力”的“另类说法”。真正取得好业绩的人，都是要付出汗水和努力的。更可悲、可怕的是，就有人深信不疑“运气好”的说法。很多人本来想努力奋斗的，但一遇到困难，首先想到自己是不是“运气差”，再一想可能下次就“运气好了”，遂放弃了眼前即将来临的成功。更有甚者，他会以此为据，到处宣扬：某某有什么了不起，不就是运气好吗？想当年，我比他做得还好。于是，一个单位到处会弥漫着一种“有什么了不起，不就是运气好吗”的消极氛围。这种负能量的扩散对公司百害而无一利。有的人本来尚有斗志的，但一听这种说辞，本来想干的，也不干了。

在日常生活中，经常听到有“撞上狗屎运”了的说法。其实，老天对所有人都是公平的，一次、两次幸运，第三次难道还会幸运吗？“自助者，天助也”。不要太相信运气，很可能一次、两次是运气好，第三次还是这样说，这分明是在敷衍你，明白人都会一眼看透这背后的东西。即便是人家运气好，你也要带着欣赏的目光看待。幸运之神为什么只照顾他而不是你，说明你心态出现了问题。一个心态出问题的人，幸运之神怎么会给你机会呢？正如网上在传的一篇文章所言：优秀的人已经付出十倍于你的努力，你还在等什么？成功的人，往往都是优秀的人，他们是通过努力、再努力实现了目标，绝非运气好。

天上不会掉馅饼，要想成功，必下苦功。只有努力到不能再努力时，成功才向你招手。最后的成功，一定是努力的铺垫，而绝非运气好。

找借口变成找工作

十

遇到问题，怪天怪地怪他人，就是不去怪自己。一旦沾染上找借口，自我感觉良好，却不知是在慢性自杀。

某公司销售经理在会上安排工作，新产品刚投放，希望能尽快打开市场。转眼半个月过完，销售部汇总每人的销售业绩，上报给经理。报表显示：波的销售业绩排在最后。随即，波被经理叫到办公室。

“波，这半个月你的销售业绩是不是最低？”经理问。

“是最低，但是，这里面有原因，我们产品的知名度不够，在向很多的客户介绍产品时，对方都表示没听说过，不知道实用效果怎样。因对产品性能有疑问，购买率低。我联系的客户很多，我已经尽力了，没办法。”

“你说的这些情况，其他的业务员也遇到过。你看是不是找找自身的原因，多在客户那边下点功夫，多花些时间，业绩也就自然会上来。”

又过了半个月，个人业绩汇总上报过来，波的业绩又是最差的。经理再次约谈波。

“波，这次的业绩，你是不是又排在最后？”

“经理，情况是这样的，我以为只要向客户多介绍产品性能，他们就会购买。但是，卖同类产品的太多，很多客户都已买别家的了。”

“你尝试过多找一些方法去解决这个问题吗？”

“我当然努力了，可是，我运气太差，总是碰到这样的客户，所以，成交的很少，实在是没办法。”

没等经理再问，波又列举了自己是如何挤时间“做单”，乃至误了自己谈女朋友等。

无话可说的经理苦笑着，摇了摇头。

在销售会议上，经理点名批评了业绩差的几个人，波排第一个。后来，波离了职。再后来，波来回奔走于人才市场，不是在这家公司遭拒，就是被那家企业因没销售能力而辞退。

在上文案例中，波的工作是做销售，但他没做好。当被问及时，波找了借口，并总是这样。波一开始是找借口，到后来就变成了找工作。的确，产品的知名度不够、市场竞争太激烈、新产品的性能不够完善等，这些情况都客观存在，给销售造成困难。可是，反过来说，如果产品的知名度已经很大了，市场上只有一家公司销售，产品的性能又出奇的完备，产品供不应求，公司还花钱招销售员干什么？公司把你招进来，你不把心思放在客户上，却挖空心思找一大堆借口和理由为自己业绩差做挡箭牌，当时是过了领导那一关，甚至把领导忽悠了一阵子，让领导认为你说的有道理，但这能长久吗？即便能长久，你尝到了甜头，会有两次、三次，以后你必然会成为“借口专家”。到头来，业绩无几，各种借口反倒一大堆，既没升职也没加薪，白白浪费了自己的大好时光，别人在成长，你岂不等于在“自杀”？

有些问题是存在的，不光这个公司存在，任何公司可能都有。你把这些问题放大，而且把精力集中在找借口、理由上，让理由和借口都合理，没法否定。最后，你只是去找借口了，问题依然还是问题，而你自己却没有任何改变。与其有这个时间去找借口，不如调整自己：如何在条件不成熟的情况下把这个事情做成。这样不断地让自己得到历练，实现自己的价值。

事实上，找借口是不想承担责任，这样的人也成不了大事。连承担责任的勇气都没有，以后谁还敢把重任交给你？相反的，那些优秀的职场人士对待工作往往是坦率地承认：领导，这个任务我有困难，但我有信心克服它，保证完成。之后，会立即调动一切资源和方法去解决它。

“拒绝借口”是员工对自己行为的最重要考量，“只为成功找方法，不为失败找借口”——这是所有成功者具备的做事态度。只有抱着不找借口的态度，问题才能够解决。偶尔找次借口，已属大错。如果经常找借口，那真是得了“大病”，害人误己！

接手就意味着责任

十

托付是种信任，接手意味责任。接了手就是你的事情，绝非帮忙而已。应人事小，误人事大。一旦应允，勇于担当，方才磊落。

W 是一家刚创立的公司，经营的主要是电信器材类产品。汉森是公司行政部的负责人，办事严谨，有责任心，诚实可靠。他带领的行政部，工作也开展得井然有序，得到了总经理的认可。

随着公司业务的不断拓展，电信器材数目也越来越多。按理说，这些实物应该专门设一个部门进行管理，更具安全性。可公司受各种条件限制，也不适合马上成立一个新部门。又考虑到这些货品价值巨大，最终，总经理决定交由工作责任心强的汉森代管一段时间，等以后公司职能健全后，再进行移交。汉森接管这批货物后，虽说只是暂时的代替性工作，但他还是在数量、安全等细节上处处用心，以求万无一失。他甚至还专门对保安作了特别强调，以防失窃。也算是功夫不负有心人，汉森接管后三个月内没有出现任何差错。然而，人算不如天算，百密一疏。转眼到了夏季，南方城市开始进入雨期。一天，一场突如其来的大雨下了大半夜，第二天大家来公司上班时发现库房进了水，很多货物都泡在水中。总经理赶忙组织员工把货物搬运到干燥通风的地方，避免了更大的经济损失。即便紧急补救后，还是损失了不少值钱的器材，而这对于一个刚开始创业的公司来说，也是一个重大事故了。因此，公司做出了给予汉森罚款两千元的处分决定。对于这个处理结果，汉森内心很不解：这本是额外的工作，我做了好人，最后不但没落好，反而还被罚了款，公司真是太不讲道理了！于是，汉森就有了想离职的念头。

在职场上，临危受命的情况并不少见，可有多少人会在接手前考虑周全呢？很多人都是当下脑子一热，觉得受到领导器重了，不经思考就接手了，却忽略了接手就意味着责任！

在上文案例中，W 公司是家新的创业公司，业务迅速开展起来，但人事配给还没跟上。临时上阵，汉森接下了管理货物的任务。他的责任心使得他在日常管理上做得账目清晰，安全防盗，却忽略了仓库管理中很重要的一点：防水。结果让公司遭此事故，损失不小，总经理忍痛处理了汉森，汉森觉得委屈。可换个角度想，你的委屈相对公司十倍、百倍的损失又何足挂齿呢？所以说，在其位谋其职，这是必须有的担当精神，接手就意味着责任。

中国古代有个说法：应人事小，误人事大。就是说，你答不答应是件小事；而一旦耽误了别人，事情就大了。工作中，我们也会经常碰到这样的情况：接手一项工作，如果还没做好准备，你可以选择拒绝，不接手的话，公司可能会再进行筛选，选择更加合适的人；但是，如果你一旦接手，就要保证全心全力地付出，保证有个漂亮的结果，这就叫一诺千金，这就是责任。

有部风靡一时的电视剧《亮剑》就有类似的剧情。独立团团长李云龙本来已经奉命要去干掉日军的一个装甲车队，但在行军途中，突然又接到师部电报，说前方离他部队不远处有一个敌军运输队，要他立即消灭。结果，李云龙从大部队中抽出一个连，另加配一些枪械、马匹，迅速、干净地干掉了这支运输队。之后，又快速地奔赴目的地，消灭日军装甲车队，出色地完成了全部任务。李云龙是在保证完成两个目标的情况下，接受临时穿插在中途的任务。

当然，工作中确实会有这样的情况，当我们选择接手后，却遇到了不可预估的困难，出现纰漏，造成损失。这个时候切不可推卸责任，勇于承担责任是第一要事。其实，我们应该明白：领导让你来做这件事情，肯定是看中你的能力了。当然，能不能做好，这将是对你的一个考验，直接影响你以后的晋升和前途。因而，万万不可没做好，反而说“那本来就不是我的事，是领导非要让我做的”之类的话。最愚蠢的做法就是企图将失误的责任推卸给上级领导。

职场中，主要工作任务都会很明确，而一些临时安排的工作也很重要。所以，一旦领导将工作交付与你，“接与不接”很关键。但是，你一接手，就意味着责任，就要把它干好，绝不能马虎。

职场上靠“绝活”成就价值

十

身怀绝技，必有出息。拥有“绝活”的人，常能做出不凡业绩，实现人生最大价值。更绝的是本来没有“绝活”，发愤练就“绝活”，拼搏成就价值。

K公司是一家发展中的文化公司，品牌部的任务是负责设计制作出符合最高要求的图文新产品。由于产品难度大，品牌部总监为了圆满完成总经理交待的任务，没日没夜地加班加点，根本不是九个小时、十个小时的事，而是整个私人时间都忙工作。因超负荷工作，两个多月下来，他体重下降了十几公斤。就在成功解决这一技术难题后，总监累倒在工作岗位上。

皇天不负有心人，品牌部总监通过忘我的工作，大量地查找资料，在步步改进和完善方案的同时，也大大提高了自己的专业技能，练就了一份“绝活”，使自己在短期内成为业内的一颗闪亮的新星。

最终，K公司品牌部自主设计制作的图文产品被市场看好：凡是K公司的产品，一路畅销。一段时间后，K公司靠该产品杀到同行业靠前的行列。

K公司的发展进入上升期，产品的销售量猛增，形势一片大好。根据公司长远规划，人员、机构都要扩充，需要增设一名副总经理的职位。因近段时间的业务特别好，内部透露：看好的是分管销售的经理。消息传开后，公司一片哗然，甚至有人公开举荐品牌部总监。总经理再三地考虑，听取了大家意见。最终，品牌部总监升职为副总经理。这时，有关K公司产品制作的秘密也被媒体披露：原品牌部总监靠顽强奋发的"逆天"行动，攻克了"当今计算机设计方面最先进的一项技术"。靠他的"绝活"，才完美设计研制出当今市场上最畅销的产品。

一份执着，一手"绝活"，一款产品，一个市场。这是K公司壮大的历程，也是原品牌部总监提升自我、完成超越的光辉创举。

市场竞争，最终还是优秀产品说了算，而优秀产品的问世则离不开优秀人才的拼搏奋斗。例如，上文案例中的K公司在市场上实现成功飞跃，其高端产品设计研制出来的原因是优秀人才拥有了"绝活"。

在上文案例中，K公司品牌部总监在两个多月里忘我工作，在改进和完善方案的同时，自己也练就了一手“绝活”，使自己在短期内一跃成为同行业中的稀缺型人才。

现在的年轻人大都是那边出学校、这边进公司的。他们只是获取了一些书本知识，工作上的技能少而又少。所以，工作一般都不会有大起色。尤其是一部分人，本来学的就少，又“学艺不精”，混在职场中，怎么会有成就呢？相反，有些年轻人天资聪明，悟性极高，学什么会什么。但细数家珍，没一样能拿出手的，都是“老和尚的帽子——平不塌”。一段时间做文秘，换个工作又做财务，再图新鲜干起了销售，如此，样样都干，没一样是出类拔萃的“拳头”产品或成绩。事实证明，这类人混饭吃还行，但绝对成就不了什么大事业。

现代社会讲究实效，这就意味着我们为公司创造的价值将直接决定我们未来的发展空间和薪资。把专业优势发挥到极致，我们就能走在同事的前面，就能做出很多他们无法想象的成绩。如果有一件事情需要你做，就证明你有存在的价值，而你要做的就是尽心尽力把这件事情做好。只有这样，我们才能成为企业中不可或缺的员工，成为不可替代的人才。

中国古代战争中，那些能征惯战的大将大多都会使用几样武器的，但必定有一件是他的专长。每次生命危在旦夕时，这些人必定会使出自己看家本领“撒手锏”、暗器或其他绝门招数，从而死里逃生，甚至反败为胜。

细想之下，我们生活在职场，不就如同厮杀在战场吗？有了这种过硬的本事，你在最需要的时候，就能展示自己的风采，呈现自身的价值。很多世界名人，如汽车大王福特、石油大王洛克菲勒等，都是身怀绝技之人。像这类人都是职场的宝贝，从步入职场伊始，只要他们愿意，干到八十岁都不会失业。

古人说：术业有专攻；民间也有俚语：是艺就防身，就怕艺不真。这就要求我们要抓住自己专业上的优势，让其发挥到最大。只有这样，我们才能不断成长，最终成为企业中一流的人才，甚至成为“老师”、领导。技能是一座宝藏，我们要做的就是不断开采自己的宝藏，不断汲取别人的宝藏。只有这样，我们才能更加富有，才能不断赶超身边的人，占据真正属于自己的一席之地。

“一招鲜，吃遍天”，在职场上无限增大你的“闪光点”，就能成就最大的“我”。

合格之上再多一点

十

合格距离优秀有多远，取决于努力多少。是心满意足，不再进步；还是不断进取，直至登峰造极？合格之上的空间，对于庸者，狭小闭塞；而于勇者，广阔无垠。

琼是一个苦孩子，刚满十八岁就到一家宾馆工作了，现在，她做清洁工已有大半年了。每天的活儿很累，她负责一个楼层的卫生。

一个偶然的机会，琼搞卫生时，发现旅客落下的一本书，是关于经营管理方面的。因为早年读书少，琼对书籍有着强烈的好奇。她惦记着那本书，匆匆整理好房间，就在过道里看起书来。傍晚时分，新旅客入住了，而琼负责的楼层卫生部门接到投诉：有个房间的茶杯没有清洗干净。接下来，琼受到工作以来最严厉的一次批评，琼边流泪边向经理承诺以后绝不再犯。

下班后，琼对今天的事很内疚。她回想起看到书里有关经营管理方面的内容时，不禁大为震惊：这个小小的过错，首先损害了宾馆的形象，其次是损害了自己的上进心。她暗暗发誓："以后一定要做好工作内的每个细微的环节！"

之后，人们看到琼像换了个人似的：勤劳、干净、有礼貌，每项工作哪怕是最细微的地方，她也要确保自己做到合格。

又是半年过去，琼提高了标准，更严格地要求自己：在合格之上再多一点！

宾馆生意兴隆，又扩大了经营，宾馆升级成酒店。因为琼的工作好，被安排在新酒店里，做了负责住宿区的清洁领班。

在新岗位上做领班的琼，心想：酒店升级了，自己对工作也应更严格要求才对。在琼的带领并要求下，整个酒店的清洁员都把"合格之上再多一点"作为一个硬性要求。结果，该酒店的卫生、服务等深得旅客赞誉，生意更加兴隆。

几年过去，酒店的投资人继续扩大经营，开了一家星级大酒店。这是具有吃住、娱乐、特色文化旅游、线上线下运作的高级园林农耕休闲区。"合格之上再多一点"继而成为新的大酒店的管理理念。有了琼的这个经营理念，大酒店的生意越来越好，远远地超过同行业的经营水准。这次，琼被提拔为住宿部经理。

十年后，因工作出色，贡献突出，酒店的投资人把大酒店的全部事务交付给琼来打理，自己退居赋闲。

什么样的人办什么样的事。在上文案例中，琼从一家宾馆的清洁工做起，直至做到酒店经理。那么，是什么东西让她做成了这样一桩事业呢？不是别的，正是她一贯坚持的“合格之上再多一点”的做事理念。“事因人兴，人因事荣”。琼就是因有了这个小小的不同，从一个小小清洁工做起，最终把自己的事业推向顶峰。

通常，人们做事做到合格就行了。因为这些人认为别人做事根本就没做到合格，而我能做到合格，不就大功告成了吗？为什么还要再无理地提高要求折磨自己呢？很显然，有这样认识的人，是没有想过去取得更大的成功的。合格就行，只是在应付而已。

每天多努力一点点真的不难。比如，你是一个举重运动员，按规律地每天增加一些举重重量，冠军就这样产生了；如果你是一名业务员，每天有计划地多做一单，一年就能多增加几百单，不拿销售冠军才怪呢？不是你不行，而是你停顿了；不是你平庸，而是你没有更努力。每天坚持把平凡的事情做好，并且不停顿，最终必将实现自己的职场梦想。

无论是谁，只要是想干成事业的，那么，不妨也试试“合格之上再多一点”，保证效果显著！

事情想做好，关键在于什么

十

燕过无痕，空留下俊俏的身影；余音绕梁，哪有三日不去的美妙？让我们心动的，一定是那些绝好的做事技巧。虽说成败转头空；无奈，职场只计功。

一次周末，在某酒店工作的B、C约A去饭馆喝酒。B、C问：“A哥，我们三人差不多同时进的酒店，干一样的工作，而你又是升职又是拿奖金的，有什么秘诀吗？告诉咱，回头得了奖金，也请你客。”

“其实也没什么，尽心尽力地做就行了，尤其做个有心人，对工作很重要。”

三个人又聊了会儿，接着就各自回去休息了。

第二天，B、C就找到总经理，说：“我们俩和A来酒店的时间都差不多一样长，工作也都尽力，可为什么偏是他又升职又拿奖金，却不是我们？昨天晚上，我们俩也问了A，没感觉到他有什么特别之处。是不是A

长相好、能说会道，或者是会奉承拍马？”总经理明白B、C的心思，但没有去解释说明，而是对C说：“现在咱们酒店需要一些大白菜，你去市场看一下吧。”听完吩咐，C转身就走了。两个小时后C回来了，对总经理说：“现在大白菜的市场价是每斤八角钱。”总经理没说什么，他对B也安排了同样的工作。B领了任务，去菜场转了一圈。路上，他想起昨晚与A的谈话——“要做个有心人”，心想：不能像C那样过于草率，得仔细些。两个小时后，B来到总经理的办公室：“总经理，我去转了整个市场，大白菜是三种价格，我觉得中间价格的合适，每斤八角钱。我建议买这种。”

总经理随后将A叫到办公室，安排他去办同样的事情。A也用了同样的两个小时，A回来后对总经理汇报：“我去了三家最大的菜市场，价格方面分三个档次，中档价每斤八角，这个价位的白菜，我们酒店可以用。如果有挑剔的客户，或者有需要高档菜品的客户，必须得有最好的白菜。因此，我买回了两种白菜。在买的时候，考虑到高档的菜品不一定每天都被客户点，得贮藏一下。所以，我买了带有保鲜膜的，回来就放入了保鲜柜。另外，我看过天气预报，获悉本周内气温陡降，路面结冰，影响交通，运输大白菜可能会很困难。所以，我又联系了另外的一家供货商，已把市场货色最好的这两个价位的大白菜拉来一些，他们人和货就在公司楼下。”这时，总经理扭头对B、C两人说：“怎么样？为什么公司提拔他做了经理，而不是你们，答案就在其中。C是做了，B是做完，A是做好。你们入职三年，或原地踏步，或小有进步，但怎比得上人家一年做了三年的事呢？你们三人都是在做，但结果不同，职位、待遇当然也随之不同。”

在上文案例中， A、B、C 三人因做事的态度不一，结果迥然不同。这样的情况在现实中屡见不鲜。

有两家邻居，其田地一样多，挨在一起。一家耕地、锄草都极认真，一年四季，从不误农时，庄稼长势喜人。到了收割时候，年年都是大丰收。另一家则好吃懒做，耕作也敷衍，不是早了，就是晚了，地里的杂草比庄稼长势旺。结果，年景一年比一年差，到后来就穷得有上顿没下顿了。职场人士上班，岂不正如农民耕地、锄草？有敷衍的心态是做了，有从众的心态是做完，它们都是没有任何责任感的做法；而做好则是一种进取心态，是一种积极的人生态度。做了、做完是被动的，但做好一定是主动的。

做好，源自对待事情的认真态度。做了、做完与做好的差距源于做事的态度，只有对事认真，才能把事情做好。

做好，还需要把自己的平凡事做得不平凡。把日常的事情做好，把平凡的事做到极致，便是成功。

做了是应付，做完是基础，做好是发展，它们的真正区别在做的态度上。职场人士要明白：成功有前提，务必先做好。而做好得有端正的态度，等你把事情真正做好了，成功便不邀自来。

第五章

山脚、山顶，境界不同

在山脚与在山顶看风景，是两种不同的感觉，区别在于高度不同。人到山顶我亦峰，万物尽收眼底。他人看山，就像仰望星空一样景仰山顶的你。

山脚仰望，
山顶俯瞰，
见界，
境界。

不要让兴趣左右了职业

十

爱你的人，你不一定爱他（她）；你爱的人，不一定爱你。理想很丰满，现实很骨感，工作就如同谈恋爱一样，你喜欢的，未必是你擅长的；你不喜欢的，也未必就要嫌弃。

A大学学的是会计专业，成绩也挺好，但当初这个专业是父母给报的，他本人并不喜欢。其实，A感兴趣的是语言文学专业，他平时就爱舞文弄墨。在毕业时，也像其他同学一样，A心存迷茫——到底是成全自己的兴趣爱好，还是发挥专业特长？正好大公司在学校搞校园招聘，很多公司看中了A，要高薪聘请他去做财务，但他纠结于去还是不去。

年轻人对未来充满理想和向往，A最终决定去找一份和自己兴趣对口的工作。经过几番努力，A终于找到一份在某报社记者站做见习记者的工作，同时进去的还有另外一批人。虽然搞文字工作是自己的兴趣爱好，但

A没有专业的训练与技巧，与那些经验丰富的老记者有着很大差距。

在记者站待了三个月，A没找到感觉，因为新闻采访套路与他喜爱的纯文学完全是两码事。A跳槽了。好不容易又找到一份某省作家协会干事的工作，被分配给大作家当助理。可一段时间后，日子过得紧巴巴，有时钱不够花还找家里拿。看到一起毕业的同学都富得流油，每次吃饭人家买单，A心里不是滋味。加上需要买房买车，父母的抱怨，女朋友的离开，让A备受打击。

迫于现实的种种压力，A决定从零开始，重新回到专业上来。于是，A应聘到一家新公司做会计。虽然起步晚了一年多，但他脚踏实地，发挥专长优势，很快就调整过来了。由于A的文字功底比较好，在公司几次的文案工作中也帮上了大忙，领导与同事对他都刮目相看。就这样，在努力工作的同时，A的兴趣也派上了用场，如鱼得水的感觉让他也慢慢爱上了会计工作。

在上文案例中，刚毕业的A对文字感兴趣，可专长却是会计。在找工作的过程中，他先是直奔兴趣而去，然而，接二连三的工作都不如意，遭到现实的冷遇，处处碰壁。无奈之下，他选择还是做回专长的会计，因为新公司的文字人才稀缺，正好让他的兴趣也有了用武之地，得以兼顾。这样，A 既做好了本职工作，还培养了兴趣，最后还爱上了专长的会计，成了职场的“多功能”适用型人才。

在如今的职场中，像 A 这样面对兴趣爱好与职业专长的抉择问题不是什么新鲜事儿,可能很多人都面对过或正在面对。如同婚姻一样，谁都想找一个相爱一生的伴侣，可最终不离不弃的没有几个，只剩下了将就和离异再婚。所以，能将兴趣与工作完美结合的，当然皆大欢喜。只是，大部分的兴趣和婚姻一样，不能如愿以偿。你爱好的、感兴趣的，并不一定是你所擅长的，也不是你一定能做得好的。好比一个人喜欢绘画，但不一定就能成为画家。你喜欢的东西，在大众的圈子或行业里，可以做到鹤立鸡群。但是，一旦进入了一个大家都与你一样喜欢的圈子或行业里，你可能就显得不那么专业了。与其这样，还不如找一个自己擅长的，把兴趣当作业余爱好，当作搞好工作的助推器。如同你喜欢唱歌，未必有十足的把握以唱歌谋生一辈子，却可以在公司的文艺晚会上一展风姿，提升人气，工作也会越做越带劲儿。案例中的 A 就是如此，不是简单满足自己的兴趣，而是用会的、擅长的让自己的工作风生水起，也可以帮助更多人。

兴趣是可以培养的，需要时间的磨合。我们常常喜欢说做做看、试试看、听听看之类的话，其实就是一个尝试磨合的过程，寻求相互的默契感。封建社会包办婚姻，夫妻双方大多都是未曾谋面的陌生人，几十年下来，才慢慢产生感情，甚至也有许多美妙动人的爱情传奇流传至今。工作是不是也能像这样的婚姻一样，先干再培养感情呢？答案是肯定的。再看很多成功的人，年轻时也并不是自己选择行业，但他们“干一行爱一行”，日积月累，精益求精，“工匠精神”令人折服，创造了多少惊人的财富，也演绎了多少感人的故事。因此，最好的情况是在专长的职业里培养兴趣和爱好。不巧的是，我们很多人都会因各种原因，不能得偿所愿。那么，与其怨天尤人，倒不如正视现实，变被动为主动，把自己的兴趣移植进工作中，这样二者兼顾，岂不美哉？

“理想很丰满，现实很骨感”，理想与现实是有差距的，兴趣与专业常常不匹配。爱好有另一个词，叫玩票。偶一为之，不玩了可以抽身而退。职业是一生要做的事情，甚至可能是没完没了、看不到尽头的辛苦劳动。所以，年轻的职场人士不要让兴趣左右了你的职业，而是要在职业中培养出兴趣与爱好。

不要刻意掩盖自己的缺点

人无完人，一个人有缺点是很正常的事，没有缺点的那是神，可不要以为自己真是男神、女神。与其对缺点遮遮掩掩，不如坦然面对，更痛快，更阳光。

丁辰是个男孩子，长得高高瘦瘦的，人也帅气。遗憾的是，他天生有点龅牙，让这完美出现了瑕疵。无奈丁辰又是个追求完美、好面子的人，生怕别人看到自己的龅牙，觉得那样太丢人了。所以，他平时尽量少说话，闷声闷气的，装出一副“高冷感”。

毕业后不久，丁辰在一家公司做销售工作。初来乍到，为了在同事心中树立良好的形象，不让更多人知道自己的龅牙，他经常是一个人独来独往，很少与人接触。在餐厅吃饭，与女朋友约会，和领导谈话，他都捂着嘴，举止怪异。甚至有时候，有同事主动过来找他交流业务心得，他也是搪塞糊弄，不愿与人过多说话。其实，大家心里都清楚，他有点龅牙，见他这样也就不便多说什么。时间长了，丁辰与大家的关系越来越疏远，销售业绩也处于倒数位置，很不理想。后来，公司举行团队建设活动，搞了一次足球竞赛。为了防止露出自己的龅牙，赛场上的丁辰依然是紧闭嘴唇，明明大喘气，却不肯张嘴。细心的经理发现了这一点，把他换下了场，拍拍他的肩膀说："小丁，你在场上应该忘掉你的龅牙，要知道，龅牙不是你的错。如果你不张嘴，就无法自由呼吸。而且，不想让别人关注你的龅牙，不是掩盖，而是要用你的球技转移大家的注意力。"

球赛之后，丁辰不再去掩盖自己的龅牙了，而是把更多的精力放在提升业务上，发挥自己吃苦耐劳的精神。他还主动去找同事请教，与更多人交流。一段时间后，他的业绩就挤进了前列。慢慢地，同事对丁辰也有了新的认识，并没有嘲笑他。一年后，丁辰晋升为销售经理……

俗话说得好："真金未必足赤，白玉难免微瑕。"一个人有缺点，那是很正常的事。只要是人，都会有不足。但是，如果不承认这种事实，刻意去掩盖自己的缺点，那就不对了。在上文案例中，丁辰因为龅牙，就把自己与世隔绝，自认为这样就可以逃避既有的事实，结果只是适得其反。他越想掩盖缺点，越引起别人的注意，也得不到好处；当他正视缺点的时候，业绩一路猛进，还得到了提拔。所以说，我们最好不要刻意掩盖自己的缺点。

现实工作中，我们经常会遇到像丁辰这样的人，明明自己有缺点，还刻意去掩盖，甚至用欺骗的方式来修饰自己。殊不知，缺点是掩盖不了的，掩得了一时，掩不了一世，早晚会被人发现的。好比一只猫，为了吹嘘自己的了不起，对自己的缺点与过失就百般掩饰。当它抓不到老鼠，就说："这只老鼠太瘦，等养肥了再抓。"当它掉进河里，同伴准备要救它时，它却说自己在游泳。结果，猫转眼就消失在水流之中。这种掩盖自己缺点的做法无异于掩耳盗铃，让别人看笑话罢了。

你说一句谎言，就要用一百个谎言来圆这个谎言。同样的，你刻意掩盖自己的缺点，就是一个不断遮羞、圆谎的过程，劳神劳力，耗费大量的时间。为了不让这块"遮羞布"被掀开，要挖空心思，找各种理由去敷衍，做的都是无用功，没有意义。而且，一旦这种掩盖遭遇事端，经过事实的检验，到时不但会误事，还会害了自己。

刻意的掩盖成不了事，不过是饮鸩止渴罢了，需要的是真诚面对缺点，坦陈自己的不足。一个有勇气把自己的缺点裸露在外、亮给别人看的人，那也必然有勇气去改正缺点，让自己趋于完美。只有这样，在阳光下工作，保持积极的心态，才能让自己变得更强大。这个世界从来不缺少美，缺少的是发现美的眼睛。如果能扬长避短，发挥自己的优势，用自己的长处去弥补短处，缺点也可能会变成优点。

有缺点是正常的，知道了就努力改正，绝不掩盖。否则，欲盖弥彰，受伤害的首先是自己。所以，古人云：知错能改，善莫大焉！

手机最好保持时时畅通

十

天有不测风云，人有旦夕祸福，公司也有突发情况。一旦事发，十万火急。最急的不是急事本身，而是打电话你却关机。

华欣在一家公司做行政工作，平时上班比较努力，做事也从不含糊。但她有一个习惯，一到放假时间，就会将公司发的工作手机丢在一边，不管不顾，只关注自己生活专用的手机。

有一次双休日，集团各分公司的高层临时要召开季度工作汇报会议。于是，总经理马上给华欣打电话，想让她过来帮忙起草文稿，可电话拨过去几次，都提示手机处于关机状态。无奈之下，总经理只能联系到华欣同部门的方灿。刚好这天方灿正准备来公司加班，于是一起参加了会议，并顺利完成了任务。

周一上班时，总经理批评了华欣，并在例会上强调，今后放假时间也必须保持手机时时畅通。然而，华欣却不以为然，还为自己躲过“被加班”而沾沾自喜，觉得休息就是休息，加班又没加班费，何苦那么卖力。

一段时间过后，有位喜欢在周末谈事的客户来到公司，准备洽谈业务。总经理再次给华欣打去了电话，可拨通了后，却久久无人接听。总经理火冒三丈，情急之下，他试着拨通了方灿的电话，果然方灿在线。其实，当时总经理的电话，华欣是看到的，知道领导找她有事，所以故意不接，想着上班后随便找个理由搪塞下就可以了。事实上，华欣也的确这么做了，领导也没去过多追究，看上去万事大吉了。

再后来，遇到类似的突发工作，总经理就只联系方灿了。方灿也因为能够时时待命，出色完成了每次任务，半年后升任为部门主任。

很多职场人士都认为，工作是上班时间的事，下班和节假日时间就不用管了。大多数人都抱着和上文案例中华欣一样的态度，下班时就把手机丢到一边，不闻不问，甚至故意关机。更有像华欣一样的人，明明看到了电话，却偷奸耍滑，装作没看到。殊不知，这些看法和做法都是不对的，到头来害的还是自己。

工作当中,很多事情并不是在上班时间就可以完全解决的。天有不测风云，保不准就有一些突发性的、临时性的情况发生。那么，就需要及时解决问题。当一个紧急事件发生了，领导正需要联系你来解决，结果你手机关机了，或者是打通了也没人接，错过了最佳处理时机。由此造成的损失，对公司、对部门、对个人都是至关重要的。例如，某公司是生产纸箱的，一日夜晚突发大雨，车间主任发现车间有雨水渗入，需要马上组织人员对纸箱进行搬运保护。此时此刻，多联系到一个人，就少淋湿一些纸箱。要是负责车间工作的员工，一个个都联系不上，拖得越久，损失自然就越大。所以，如果手机保持时时畅通，一些突发事情就可以得到有效处理，损失也可以降到最低。退一步说，即使你有什么特殊情况，也要提前告知你的领导与公司；否则，最好时时保持手机畅通。

一般情况下,领导在上班时间之外联系你的情况是很少的,有办法的情况下绝不会“骚扰”你。如果有事情发生了，也是电话里几分钟就可以解决的,让你亲自来公司处理的毕竟很少。这个时候，你的手机能否保持时时联络畅通就很重要了。一次打电话，联络不通，你可以说信号不好，手机不在身边，手机没电了……两次、三次，你也可以找到理由解释。但是，连续几次联络不通，恐怕就说不过去了。假如，公司有事从来联系不到某人，那领导就会得出此人不得重用的结论。就如同上文案例中的华欣一样，有事联系不到她，一次、两次后，领导就不找她了。相反的，如方灿一样的人，每次公司有突发事情，她都及时就位，得到了领导的赏识，迅速“上位”。故此，职场中人，要想获得长足发展，手机最好保持时时畅通。

职场上的工匠精神

女人照镜子，照了一遍又一遍，临出门前再回头照一下，路上还要拿个小镜子再照一照，这样就可确保自己的妆容得体。做事如果也这样反反复复，岂有做不好之理？

某公司新入职了两名员工，一个是研发部的赵畅，另一个是品牌部的舒媛。一段时间后，赵畅发挥自己的专长，很快就上手了。舒媛一直徘徊在工作边缘，抱怨工作难、多，还传递负能量。几次提醒后效果不佳，部门主管Y决定辞退舒媛，一番沟通，舒媛离开了公司。

第二天，按惯例，主管Y向总经理汇报了辞退舒媛的事情。在了解了面谈的整个过程后，总经理特意交代将书款退回给舒媛。原来，该公司有个不成文的规定，凡入职的新员工都要购买公司的一本书籍，帮助其了解公司文化，更快适应工作。于是，回到工位，Y快速编辑文字，发微信信息给舒媛：“舒媛，早上好！书款××元退还你，认识是缘分，很高兴大家相识一场。至于书呢，总经理说送你了，有时间翻翻，也欢迎以后到我们这边坐坐。”然后，Y转账书款，备注：很高兴认识你！就这样发送过去了，过了十几分钟，微信显示舒媛已收钱，Y以为可以完美交差了。谁知道总经理又把Y叫到了办公室，说舒媛的事情处理得不到位，并对Y说：“我是想让舒媛知道，我昨天对这件事并不知情。其次，你的微信内容缺少互动，例如，你可以先问‘舒媛，在吗’，确定她在线，然后进行交流。第三，在中国传统文化里，君子耻于谈钱，钱的问题一般都是放在最后才提。第四，红包的备注也有问题，备注一般要写明事情概要。你回头好好想想我刚说的，然后给舒媛再打一个电话。”总经理的语气很缓和，但Y却感到无比的严厉，觉得很惭愧。总经理见Y认识到错误，继续说：“HR的工作就是力求将事情做完美、做极致。哪怕是劝退员工，至少做得让她舒服一些，下次做事情要注意。”

从总经理的办公室出来，主管Y马上重新整理语言，然后给舒媛打了个电话，也得到了舒媛客气的回应。

“工匠精神”，最简单的解释就是：对待一件事情，用专业的技术、专注的态度，把工作做到精益求精。打个比方，好的裁缝做一件衣服，会关注到每个纽扣、每个线头，从布料到图纸，所有的边边角角，都会去做考究，不漏任何角落，要的就是精细度。而上文案例中的Y主管，开始没有意识到这一点，只是草草将事情应付结束，未能得到总经理的认可，就是一种缺乏工匠精神的表现。

如果不具备工匠精神，做事情只能停留在表面，做了却没做好，达不到应有的效果。好比同样是手工制作油纸伞，有的工人做得精美绝伦，有的工人只是完成了伞的造型而已。同一项工作，做出来的结果却千差万别，原因是没把工作做到极致。缺乏工匠精神，不能将工作效益最大化，浪费人力、物力、财力，甚至还会产生负面效应。正如上文案例中的Y一样，若是按她的处理方式，就有可能给公司的形象带来负面影响，花了时间，却做不好事情。由此可见，工匠精神不仅用在工厂里，也适用于办公室。很多人看似一天八个小时都在认真工作，实质浑浑噩噩，真正付出全力的又有几人呢？所以，办公室工作中的工匠精神，也就是做事的精神，同样需要精益求精，用一颗追求极致的心，把平凡的事做得不平凡。

工匠精神就是需要把工作研究透，对事情的来龙去脉了如指掌，成为行业专家。小到一个零件、细节，大到框架、主线，都需要有清楚的认识，这样的工作做起来也会得心应手。当然，这个过程不是一蹴而就的，有一个时间磨砺，需要踏踏实实地干。俗话说，“三百六十行，行行出状元”。做一行爱一行，抠住每个流程，死磕到底，才能走向极致。如今的职场，不缺思想，缺的是一批具备工匠精神的人。所以，砍掉你的私心杂念，多花点心思，用全力去做好一件事，胜过眉毛胡子一把抓。

工匠精神展现的是一种做事方法，传承的是一种理念，从而树立有个性特色的品牌。有了自己的品牌，才能在激烈的竞争中处于优势地位，才有事半功倍的收获。大家都知道，瑞士钟表在每一秒的时间上锱铢必较，绝不容许有误差，几乎做到了极致。正因为这样，瑞士的品牌钟表在全世界都是首屈一指的，百年不衰。对于职场人士来说，学习工匠精神，就是要精益求精地工作，把每一天当作最后一天来过活。慢慢地，工作的修行不但为你创收，也会打磨出更有品性的你。

在职场打拼的人士，要想十年、二十年后，自己有所改变与突破，请用工匠精神过好每一天，全力以赴。

职场要成事，需痛下决心

十

人们常说“我要干什么什么”，但却雷声轰轰响，就是没雨下。减肥减肥，就是管不住嘴，迈不开腿，越减越肥。所以，最好少点决定，多点决心。

秀芝在一家公司做销售工作。她是个女孩子，有点微胖，却很爱美，人也贪玩些，工作一般。最近，在公司员工都追赶业绩的氛围里，她也给自己定下目标：销售产品的月总量要达到一个高标准；同时，还要每月减肥五公斤。她把这个计划公开在了微信工作群里，想得到小伙伴们的监督。

过了两个月，秀芝的计划却丝毫不见成效：业绩没完成不说，体重也不减反增。秀芝就自我安慰：这次不行，下次一定做到。有同事便开玩笑——得了吧，你又做不到，定那破目标干嘛，白费功夫，有什么用呢？秀芝听了，心里很是不爽，可也没办法，谁让自己嘴欠，说了做不到呢。

一个周末，秀芝在家看电视，无意中换台，看到一部《破釜沉舟》的电影。画面上，项羽高呼："皆沉船，破斧甑。"如此，强敌在前，后面大江拦路，又没有多余的粮食可以吃。要么饿死，要么被杀死，众将士唯有决一死战求生存。于是，没有退路的楚军以一当十，杀伐声惊天动地。经过九次的激战，楚军最终大破秦军。

看着电视里的场景，秀芝瞬间如被雷击般惊醒：前几次自己虽然定了目标，完不完成都没有关系，偶尔同事嘲弄下，又没多大伤害。也就是对自己不够狠，下个决定，却没有下决心。我为什么不能像项羽那样"破釜沉舟"呢?

第二天周会上，秀芝郑重其事地宣布：本月如果不能完成之前定的目标，我把全部薪资拿出来请客，并且剃光头以示惩戒。她当场立下军令状，签了承诺书。接下来，秀芝拼命地工作，不断挖掘新客户，经常"做单"到晚上十一点后，没有周末假期。每当懈怠时，想起自己会上的承诺，秀芝又振作起精神来，这个痛苦的过程持续了一个多月。

一个月后，在新一轮的业绩排行榜上，秀芝跃进前三行列。人也瘦了不少，看上去还真是漂亮了不少。领导和同事都对她刮目相看，她也为自己赢得的尊重和进步而自豪。

在上文案例中，秀芝开始给自己下了一个决定，带着一种目标去工作，这当然是对的，可结果却并不理想。后来，她立下军令状，签了承诺书，做不成就要接受惩罚，让她面貌大变。想着完不成目标，不但所有的工资没了，一个月白干；更恐怖的是，自己要剃成光头，对于一个女人，还是爱美的女人来说，这简直就是噩梦，她无论如何也接受不了的。所以，她只能拼命去工作，想方设法，豁出命也得完成目标。正是这样的痛下决心，对自己狠一点，她最终成功了。

在日常的工作、生活中，很多人容易下决定，因为没有成本，说起来轻轻松松。做成了可以获得丰收，做不成也没人要你从口袋里掏钱出来。而事实上，这些做了决定的人，大部分最后都没有做成。很多人天天叫嚷着要减肥，结果是越减越肥。减肥的计划列了满满一箩筐，什么跑步，什么节食，都是三天打鱼、两天晒网，遇到一点点困难、一丝丝诱惑，就半途而废、前功尽弃了。工作中，也有人决定不迟到，信誓旦旦说要早起。结果，晚上玩到深更半夜，到了第二天，就像黏住了一样，赖在床上，心想：等会儿，再睡一分钟。还有人觉得玩手机太费时间，决定不玩手机，最终还是外甥打灯笼——照舅（旧），一个样子。换个角度想，如果你的体重已达到了临界点，再不减肥就会有生命危险，你还会不坚持跑步吗？如果你今天再迟到，就会被公司开除，你还会赖床吗？如果你再拿一下手机，辐射就会让你面临死亡的威胁，你还会手机不离手吗？就是因为没有让你痛，还有路可退，所以，你也就没有痛下决心。很多年轻的朋友可能经常会轻率地下个决定。决定很容易，但执行起来很难，甚至说是很痛苦的，很多的就不了了之了。但是，痛下决心的事却不一样，已下决心的，拼了命也要干到底。只有这样，才能成事。

决心的力量能达到神奇的地步，移山倒海，无所不能，多少奇功伟业就是靠它做成的。有副著名的对联：有志者事竟成，破釜沉舟，百二秦关终属楚；苦心人天不负，卧薪尝胆，三千越甲可吞吴。这是清代《聊斋志异》的作者蒲松龄的落第自勉联，说的就是凡事要痛下决心。靠着决心、毅力，项羽完成了灭秦大业，越王勾践成功复国，而创此佳联的蒲松龄也成为了文学巨匠。

痛下决心很多时候表现在自律上。自律，指在没有他人监督的情况下，自己要求自己，变被动为主动，自觉地遵循法规制度，拿它来约束自己的一言一行，使人走向成功。所以说，职场成事并不难，难的是痛下决心。

你被利用了吗

十

我们的传统教育是要我们做一个“有用之人”。何为“有用”？所谓有用的人就是一个有资格被人利用的人。然而，说“有用”，可以；说“利用”，很多人就不待见了。

有兄弟二人，哥哥是企业家，弟弟是律师，哥俩平时分居两地，不常见面。一天，哥哥来看弟弟，弟弟正在怒气冲冲地研究一份文件。

“你看他们这样利用我，我要告他们！”

哥哥看见的是一家孤儿院向社会募捐的启事，下面的发起人里面有弟弟的名字，而这位律师弟弟显然事先并不知情。

哥哥对弟弟说：“还记得吗，母亲一直勉励我们，要做一个有用的人。”

“当然记得。我一直在这样努力。”

“什么叫有用的人？”哥哥问。

“学识渊博、品格端正、身体健康，能主持公道、维护正义。难道这有什么不对吗？”弟弟反问。

“当然对！但是，你只知其一，不知其二。所谓有用的人就是一个有资格被人利用的人。恭喜你今天被人利用了，这证明你现在已经大有成就了！”

弟弟茫然不解。

哥哥又对他说：“功业越大，名望越高，就越难免被人利用。怕被人利用的人成不了大事。”

弟弟逐渐心平气和：“那么，我该怎么办？”

“把这家孤儿院的院长请过来，支持他募捐，并且帮助他建立制度，好好保管、使用这笔钱。”

我们的传统教育是要我们做一个“有用之人”。何为“有用”？上文案例中的一句看似玩笑的话却道出了真谛：“所谓有用的人就是一个有资格被人利用的人。”然而，说“有用”，可以；说“利用”，很多人就不待见了。很多人一直把“利用”当作贬义词，不管是“被人利用”还是“利用别人”，总觉得不够道德，不够光明磊落。当一个人听到自己被别人“利用”时，他会觉得自己太无能，有种被人耍的感觉，往往会感到痛苦和耻辱。但在现在，我们应该认为：一个人如果不被人利用，说明他没有利用价值，那么，他再有用，也等于没用。比如，深山中的树木价值不菲，到了该砍伐换代的时候了，却无人问津，为什么呢？因为开发成本太高了，一算投入和产出，不值得啊，最终还是无利可图啊。

同样的道理放到职场也是一样的。在现今的商业社会，“利用”一词应该被重新定位。我们不但要做个“有用”之人，还要对他人“有利”，要乐于接受和配合他人“利用”自己。这样，价值才能通过利益体现出来。想想看，哪个成功人士不是被人利用过来的？能够被人利用，这是自己的荣幸，说明自己还有存在的价值。

细想一下，职场上，利用是相互的。很多人认为我这么辛辛苦苦地工作，就是为公司打工，公司赚了那么多，我连个零头都没拿到，还整天要我们加班，我这不是被公司利用嘛？不可否认，公司在利用每个员工的价值。但是，对于员工来说，也是在企业的平台、渠道上展现自我，使得价值变现，除非你在和企业的合作中是只有付出却没有回报的。因为有了企业这个平台，你的能力才得以成长，你的知识才得以检验，你的境界才得以提升。所以，不能“只许州官放火，不许百姓点灯”啊，你在利用企业的同时，也允许企业利用你的价值。当然，职场上的“利用”也分好坏，我们要多个心眼，不要被人算计，不能成了坏人的爪牙，被别人拿着当“枪”使。有些人习惯于替上级“背黑锅”，对领导、上司“唯命是从”。但是，服从不是盲从，真正的服从是从事出发，而非一味地听从于人，我们要用自己的头脑来考虑上司的决定对错与否，以免最后成了“炮灰”。所以，不要担心被人“利用”，你更应该考虑的是如何通过相互利用获得双赢。

工作没有贵贱之分

十

工作本身没有贵贱之分，对于工作的态度却有高低之别。如果轻视自己的工作，将它看成低贱的事情，那么，它便一钱不值。如果你相信“贵从贱中来，不贱难以长出贵”，那么，它将价值连城!

小童大学毕业后应聘进M公司，做行政文员。

一天，正赶小童值日搞卫生，当他向垃圾斗里扫垃圾的时候，被玻璃杯子的碎片挡住了，用扫帚几次都没扫进去。于是，小童脱去外套，挽起袖子，弯腰用手一片一片地捡，一不小心，手被划破了，血流了出来。恰好这时，老家的堂弟来公司找他，看到了这一切。几天后，就从老家那里传来说法：小童大学白读了，学的东西全没用，在公司干最低层的活儿，净给父母丢脸。还不如中学毕业的堂弟，托关系在家乡一个小单位上班，按点上下班、按月领工资，还混得好人缘。当初父母那么千辛万苦、省吃俭用供他上学，都白费心血了。

小童顶着别人流言蜚语的压力，不管工作贵贱，一门心思干好，积少成多，最终赢得M公司领导和员工的广泛赞誉。

十年时间一晃过去。这期间，小童具体工作换了很多，但无论干什么，都会设法把工作质量搞得“棒棒的”。因为受到赏识，小童现在已升为公司的副总经理。而家乡的堂弟还在那家小单位，仍然固守着那个“铁饭碗”，没什么变化。

因受“万般皆下品，惟有读书高”的思想影响，很多大学生幻想着要就业就该高人一等，干“高贵”的工作，脏活、累活、苦活坚决不干；家长也觉得辛辛苦苦培养的孩子，怎么可以去人家公司端茶、扫地、搞卫生呢？也正因此，大学生就业成了大难题，“贵贱之分”误了他们的大好前程。

事实上，工作本身无贵贱之分，只要是认认真真、踏踏实实地靠自己的能力和本事挣钱的职业都是高贵的，比如环卫工、清洁工等。在一些人眼里，这些都是又苦又累又脏的活儿，可如果没有他们，我们的生活不知道会是多么的惨不忍睹！我们将天天生活在垃圾堆里，整个世界都是脏、乱、差的现象，如此一想，我们怎么还能觉得他们的职业低贱呢？

有些人认为，好工作和差工作就代表着“贵”和“贱”。人人都羡慕好工作，可好工作可遇不可求，数量太有限，要想获得好工作，还得先从不好的工作做起。特别是新进职场的大学生，一定要从最平凡的岗位做起，工作“贱”点不可怕，关键是再“贱”的工作也要用心做好，做到极致，做得令人刮目相看，令人尊敬。就像上文案例中的小童一样顶着世俗的压力，不管工作贵贱，在简单、低微的工作中寻找成长的支点，循序渐进地积累实力，最后将大家都认为是“贱”的工作变成最“贵”的。

也有些人认为，干基层工作就是“贱”的工作。殊不知，“万丈高楼平地起”，地基越牢，占地越广，建筑物才能修建得越高。职场工作也是同样道理，企业需要的是实用型人才，掌握专业知识固然重要，但不能纸上谈兵，要放低姿态，多了解接地气的活儿。基层工作恰恰接地气。而那种眼高手低、好高骛远，不肯在基层工作中投入精力的人，不仅仅是对工作的不负责任，也是对自己职业发展的不负责任。越“贵”的工作越高高在上，离土地总有一段较远的距离。若是从刚开始就高高在上，根如何能够深深地扎在地里呢？基础很不扎实，不摔还好，若是摔了就会摔得很重。职场没有神话，没有谁能一步登天，不体验“贱”，何以知道“贵”的难能可贵？所以说，在职场上，工作本身没有贵贱之分，只有干的好坏之别。马丁·路德·金曾说过：如果你是一名清洁工，也要像米开朗琪罗绘画、贝多芬谱曲、莎士比亚写诗那样的心情，对待自己的工作。想尽办法将工作做到极致，那么，每一份工作都是美好的，都是值得期待的，都是有发展前景的！

回复领导留言的技巧

十

谁都希望自己的呼唤得到回应。职场之上，领导的信息留言就是呼唤，回复不只是几个字，更是你的态度和状态的体现。

随着科技的进步，我们已经进入信息时代，以微信为代表的即时通讯工具已成为人们工作与生活中不可或缺的一部分。W公司也不例外，各部门都建立了同事微信群，每天大家或多或少地在这里分享、聊天，领导也慢慢习惯于在微信上安排工作。比如，周日晚上，领导会在部门微信群里发布下周的重点工作，慢慢地也成了惯例。然而，收到这类消息后，大家的回复也特别有意思。例如，工作安排发出几秒后，就收到员工A的回复："收到"。领导问："你看过详细内容了吗？回复神速啊！"A说："我是先回复再看详细内容的。"员工B在收到消息后，习惯性地先浏览一遍，然后重点看下与自己有关的那几条，心中筹划着下周的时间该怎么安排，同时微信回复："收到！我这块的工作会排出具体时间进度，周一上班与领导确认。"员工C总是最后一个回复消息的，他总是有各种各样的理由，如没注意看、手机不在身边或已经睡觉了之类的。领导看了下大家基本都回复了，就剩C没动静，就会特意追问他是否收到消息，他就淡淡地回了句："收到了。"

有一次，领导因为忙其它事，周日晚上十点了还未将下周重点工作发出来。员工D等啊等，有些着急，怎么还没发出来呢，都准备睡觉了。于是，D私信提醒领导："别忘了发送下周重点工作哦，我们一直等着呢！"

QQ、短信、邮件、微信等即时通信工具给人们带来了便捷，随时都可以互动交流、分享及信息的上传下达。不过，作为职场人士，在这些工具里，回复领导的信息也是需要技巧的，看似简单的一句话，却透露了你的职场心态和做事方法。

有句话说："沟通的悲剧在于缺乏回应。"所以，看到领导的信息，给予回复是必不可少的，一句简单的"收到"是最起码的礼貌和尊重。当然，这里指的是与工作相关的信息（某些骚扰信息就另当别论了）。看完信息后及时回复，如同我们当面与领导说话时，领导每次停顿的时候，要点点头，说个“是”一样。因为这样的回应表明，你是在认真听领导说话的，你们之间是有互动的。切不可像上文案例中的员工C，回复信息都如此被动，可想而知，他日常工作的积极主动性在哪里。事实上，仅仅一句“收到”还是不够的。“收到”是中性词，只表明信息的送达，不代表信息接收者的态度和行动。在实际工作中，关键不在于信息的送到和知晓，而在于知晓后的态度和执行力，这是领导最看重的。所以，回复的目的不仅仅是传递知晓，还要表明态度，最后加上你的执行力。也就是在看到领导的信息后，认真思考，并拿出积极的态度与带有执行力的答复就比较到位，例如“已阅读，并开始制定工作计划”或者“收到，开始执行”等。如上文案例中的员工B，一条回复便可体现日常工作的高效率。这样的回复，比起只是简单“收到”两字的回复，更能表明你做事的决心，同时也是向企业传递正能量，这能量有扩散作用，会感染到其他人，这会给企业带来积极的效果。当然，养成这样的回复习惯，不仅会大大提升个人工作效率，你的态度也能让领导看在眼里、明在心里。

当然，积极的态度，有时也需要注意场合。工作群犹如是公共场合，如果对领导布置的任务或者见解等有不同的意见，千万不要在群里质疑，要私下一对一与领导沟通。沟通好了后，让领导自己来修改，这样领导也觉得有面子。当然，给足领导面子事小，给同事造成误解，便是一个负能量，传播起来事就大了。再说，如果在群里，大家各执己见，很多事情都是仁者见仁、智者见智的，真要讨论起来就没完没了了。所以，上文案例中 D 的做法是值得点赞的，不仅能考虑在领导之前，还做了很到位的提醒。这样的员工在职场上肯定是“香馍馍”，不用担心得不到发展晋升。

总之，对待领导留言，犹如我们每个人都会吃饭、喝水一样，这么简单的事情，大家都会；区别就如同跑步一样，有的人跑一百米用二三十秒，有的人用时十五六秒，专业运动员大多用时十秒左右。二三十秒和十五六秒，在跑步这件事上没有什么本质的区别，它们的区别仅仅在一些细节上。但就是这些细节，造就了职场金字塔，将芸芸大众的员工与职场精英拉开距离。

职场沟通要用积极的语言

两人共饮一瓶水，喝去一半时，乐观的人说“还有半瓶”，而悲观的却说“半瓶水被喝完了”。同一件事，积极、消极的语言导致的结果会大为不同。所以，让积极的语言为你在职场浇灌出美丽的花朵吧！

周一上午，某公司部门召开全员例会。会议上，各岗位轮流做工作总结。

小李负责网站改版工作，领导问：“小李，我们的网站改版进行得如何了？”

“我已修改，我也努力了，反正我也只能这样了。”小李低着头回答。

小李是公司的一名老员工，平时工作勤勤恳恳，这个大家都知道，领导也是看在眼里，但从他刚才的话里，似乎听到了一丝抱怨的声音，抱怨领导要求太高，也从侧面透露出自己达不到领导的要求的信息；同时，也有无奈，对这个网站做不出更好的效果的无奈。听到小李的这番话，领导脸色微变，陷入沉思……

事实上，小李用了一周的时间，尽自己最大努力做出三个网站修改版本，让领导选择。然而，这一切努力就因为一个消极的回答，显得如此苍白无力。而当同样的问题到了负责平面设计的老钱那里时，老钱却回答得非常巧妙。他说：“领导，我们的产品设计确实存在问题，所以，我在原来的设计稿上做了两稿修改，这是我目前尽自己最大能力做的修改，不知道效果怎么样，请您审核并给我指导建议，我回头根据您的建议再修改，一定做到满意。”老钱的回答既陈述了事实，又给领导正向、积极的印象。

职场中，会不会说话很关键。同一个问题，换个方式回答，表现出来的是完全不同的状态和心境。一句消极的话，不但会让自己的心境更加糟糕，也会影响其他人的心绪，可谓人际交往中的“腐蚀剂”；而积极的语言会引导人们朝积极的方向思考，心态也会积极向上，最后会有意想不到的结果。

上文案例中小李的回答是消极的，是不耐烦的，这样的语言完全没法将他上周的实际工作成效概括出来。其实，事情你已经做了，也付出了努力和精力，到了汇报沟通时，却用消极的语言使工作成效打折。这样一来，不仅会失去领导对你的赏识，还有可能影响整个职业生涯的发展。职场中，难免会有委屈，会有心情低落之时，这个时候切不可怨天尤人，不要像个刺猬般到处扎人，要有事说事。即使真有困难，也要用积极的语言表达。

会议上一句不经意的消极的话，不但影响了领导的心情，也影响了同事的心情，使得整个会议的氛围消极、沉闷。消极的话说多了，久而久之，就会变成一个灰心丧气、长吁短叹的人，不但自己无精打采，还会扫别人的兴，为自己的人际交往蒙上一层阴影。事实上，在任何一个企业中，领导或同事都希望与积极向上的人多交流沟通，都不愿意看到对企业没有好处的事情发生。消极语言就如同一个传染病人，会向你的周围发射负能量，这不利于你的职场成长。

有句话说，“你嘴上所说的人生就是你的人生”。说出积极话语的人，会用一种积极、开放的心态来面对问题、迎接挑战，会吸引一群积极的同事与你同行，会让领导放心地将任务交与你，领导也更愿意多关注你的进展，在关键节点上会给予必要的指导。这样一来，你既得到机会，也得到了成长。积极的语言会让你的职场人生变得积极而美好！

总之，在职场上，沟通和办事能力同样重要！在沟通中，用积极的语言跟领导交流又显得尤为重要，虽说“干得好不如说得好”这句话有些偏颇，但在职场中，确实是能力差不多的两个人，沟通能力强的那一位的升职机会相对就多。所以，职场上要用积极语言与人沟通。

敢于说“不”

十

职场中，唯唯诺诺的很可能是“隐形敌人”，敢于说“不”的很可能是“贴心人”。

A在南方一家生产时尚运动鞋的大型公司上班。马上要开发新一季的产品了，负责设计的副总经理召集全员开会。会议上，大家讨论激烈，也没讨论出个大方向，最终决定先去做市场调研，并将调研范围锁定在时尚运动鞋类，由A负责带队。A也认同要先做市场调研，但对副总经理安排的调研范围有不同意见。会议上，她先答应下来了，但没有立即执行。

第二天，A带着一堆资料去找副总经理，她说：根据目前已掌握的市场情况，运动鞋是有一些待开发的空间。但正因如此，才引起诸多同行企业的追逐，竞争已是热上加热。发现这一情况后，她在平时的工作中，就注意收集这方面的信息，同时还关注了旅游鞋、休闲鞋两个品类的情况。据此，她认为这次的调研不能仅仅针对运动鞋，旅游鞋和休闲鞋也要作为重点对象，把它们在市场中的款式、份额及欢迎度等进行相关的摸排。副总经理一听，很赞同A的意见，遂取消了原来只做运动鞋调研的决定。继而，又给A增派人员，进行相关鞋类市场的大型调研。正因为这次的调研全面扎实，公司根据市场情况新推出了一款时尚运动鞋，这款鞋最终成为当季爆款，非常受欢迎。

职场上，经常听到这样的话："这是领导安排的，这是领导说的。"说这样话的人一般都认为：要听领导的话，领导说什么就是什么，领导让干什么就要干什么，跟着领导走，最安全，不会出错。这样，领导才会开心，自己才会有更多晋升、加薪的机会。殊不知，跟着领导走，看起来最容易，实际上却是代价最高昂的一条职场之路。

很多人会说，领导之所以是领导，脑子肯定比我好使，他说的不会错。但是，却忽略了一个事实，那就是领导毕竟不是执行者，同实践工作已经有了差距。如果领导了解得不够全面，做出了错误的指示，你一味地答应或者接受领导的安排，那就必定是费时费力又得不到好的成绩。上文案例中的A之所以能让领导改变决策，就是因为她比领导了解得更全面，她用事实说服领导。领导都是聪明人，调整后的方案会得到更好的效益，岂有不采纳之理？

或许大家有过这样的经历，明知一件事会失败，但还是接受指令去执行，最终看着它失败。之所以不敢跟领导说“不”，一般有以下几个原因：一是个人能力问题，看不到领导决策的漏洞，自然无法给出更好的建议；二是“奴性”思维作祟，认为受雇于企业，就要把领导服侍好，宣扬“凡是领导说的都是对的”，以拍马屁为手段，以领导喜好为标准，做个“听话”的下属，领导舒服了，自己的前途也就光明了；三是不想承担责任，跟着领导的决策走，即使错了，那也是领导的决策，要领导来承担责任，天塌下来领导顶着，自己只是执行者，与自己无关。然而，唯领导马首是瞻的后果便是：你只想着服从命令，却不用自己的脑子细想，不结合自己的实践考虑。久而久之，脑子就生锈了。回过头来才知道，其他人都在进步，而自个却站在执行者的位置上裹足不前，最终只是虚度了年华。

敢于说“不”的人应该是这样的：领导说的在理，就会花上百分之百的精力，将事情执行到位；若是领导所言有误，不会阿谀奉承，而是晓之以理，摆事实、讲道理，把自己所知道的毫无保留地告知，使得领导改变主张、调整决策。但是，要注意沟通的方式，不要让领导太难堪，这才是勇于说“不”的正确方式！开明的领导即使面子上有些难色，只要是对公司有利的，对部门业绩有利的，肯定是会采纳的。而且，其内心深处对这样的你会很尊重，遇到大事第一个想起你，有了发展的机会也不会忘记你。

敢于说“不”的人是用脑子在做事的人，他的脑子会越用越活，当他全身心地为公司、为团队考虑的时候，他的个人能力在成长，他的思维高度也在步步提升。而且，他的建议一旦被领导采纳之后，因为对自己信念的坚持，自信心也会得到急剧地增长，久而久之，他就成了领导。

敢于说“不”，并非是让你与领导对着干，或一味地挑领导的毛病。而是从工作角度出发，遇到领导工作安排失当的时候，作为补充的智囊团，为领导排忧解难、杜绝后患。这样，不仅有利于团队的前进，更有助于个人的成长！

【后记】

成就不普通的人生

风过墨香，掩卷沉思。

看完这本书，读者朋友也许会心绪起伏。职场即是人生，我们多少曼妙的青春时光都是在不经意的一朝一夕间投射于此。转眼，匆匆岁月已过，收获却少之又少，与当初的期冀相去甚远。这是为什么呢？概括起来，无非是没弄明白下面三组关系。

小事与大事

可能有人会认为：你书中说的这些事情都是鸡毛蒜皮的小事情，没什么看头。实则不然，把每件小事做好，你就可以成就大事。日常生活，平日工作，务实的人处理好每件琐碎的事情，不放过每一个细节，方能成就卓越的自己。

知道与做到

也会有人说：杨老师，你说的这些道理我都知道。事实上，道理很多人可能都知道，因为领导或长辈天天在谈。殊不知，知道道理，但未必懂得隐藏在道理背后的深层含义。即使你懂得了隐藏在道理背后的含义，也不一定能做得到。“知道”是仅存于大脑的，没有力量；“做到”才是落到实处，才有力量。

聪明与智慧

还可能有读者朋友这样说：本想通过本书找到职场捷径，但杨老师给的方案虽然与众不同，但成本过“高”，大多数人不会这么做。

通往成功的路上布满荆棘，越找捷径，就越没路子。信息大爆炸时代，充斥着我们耳目的往往是一些“术”层面的雕虫小技，大多数人在迷信这些雕虫小技时往往会迷失了前进的方向，甚至舍本逐末，终究一事无成。恰恰相反，那些在某一个领域里的真正精英总是目标坚定，靠过人的毅力披荆斩棘、独占鳌头。成功无捷径，这条道路成本“高”在：虽难走，但不拥堵；虽漫长，却并非弯路。这才是高人之处，大智慧所在。

成功无定式，大多数人都认同的方法对每一个个体的人来说，未必真的管用。不走寻常路的人往往会异军突起，成就不普通的大事业，成就不普通的人生。

最后，感谢所有支持和关注我的朋友，阅读、写作、分享知识之路因为有你们的陪伴而更加光明、温暖，我们一路同行。在写作此书时，我参照了一些网络资料，得到过一些朋友的帮助，在此一并表示衷心的感谢！

本书是“职场那些事儿”系列图书的第二本，精彩还在继续……

2017 年 6 月

图书在版编目（CIP）数据

职场那些事儿．②／杨斌著．-- 北京 ：企业管理出版社，2017.12

ISBN 978-7-5164-1555-9

Ⅰ．①职… Ⅱ．①杨… Ⅲ．①成功心理—通俗读物 Ⅳ．①B848.4-49

中国版本图书馆 CIP 数据核字（2017）第 169238 号

书　　名： 职场那些事儿.②
作　　者： 杨　斌
责任编辑： 宋可力
书　　号： ISBN 978-7-5164-1555-9
出版发行： 企业管理出版社
地　　址： 北京市海淀区紫竹院南路 17 号　　**邮编：** 100048
网　　址： http://www.emph.cn
电　　话： 编辑部（010）68416775　　总编室（010）68701719
发行部（010）68701816
电子信箱： qygl002@sina.com
印　　刷： 北京盛通印刷股份有限公司
经　　销： 新华书店
规　　格： 710mm×1000mm 1/16　　14 印张　124 千字
版　　次： 2017 年 12 月第 1 版　2017 年 12 月第 1 次印刷
定　　价： 59.00 元